黑龙江省艺术规划项目，
项目编号2021D038，名称《泥河陶艺术创新和产业发展研究》
重庆市教委科学技术研究项目，
项目编号：KJQN202205801，名称《建筑幕墙推入式定位挂件结构研究及应用》

产品设计与开发探索

霍治民　陈　冬／著

云南美术出版社

图书在版编目（CIP）数据

产品设计与开发探索 / 霍治民，陈冬著. -- 昆明 :
云南美术出版社，2023.10
ISBN 978-7-5489-5460-6

Ⅰ. ①产… Ⅱ. ①霍… ②陈… Ⅲ. ①产品设计②产
品开发 Ⅳ. ①TB472 ②F273.2

中国国家版本馆CIP数据核字（2023）第193747号

责任编辑：陈铭阳
装帧设计：泓山文化
责任校对：李林　张京宁

产品设计与开发探索

霍治民 陈冬 著
出版发行　云南美术出版社
社　　址　昆明市环城西路609号
印　　刷　武汉鑫金星印务股份有限公司
开　　本　787mm×1092mm　1/16
印　　张　11.5
字　　数　248千字
版　　次　2023年10月第1版
印　　次　2023年10月第1次印刷
书　　号　ISBN 978-7-5489-5460-6
定　　价　65.00元

前言

随着时代转变，人和产品之间的关系变得更加紧密，人们对于产品的需求不再仅仅停留在完成最基本的性能上，更期待可以通过产品造型、颜色、材质和应用方式等各类设计语言与产品相互交流，从而得到全新升级情趣感受和心理状态，这正是产品设计所追求的目标。产品设计已成为生活的一部分，因人们追求充满品质的生活，以物质和精神并重的生活方式发展，产品设计恰恰是基于这样的环境出现的。产品设计是有着相对独立性概念，并不是仅作为产品附加值的具体内容而存在，只有具备特色化、时代化，才可以以一种全面性的思路根植于产品设计流程的自始至终。

产品设计在符合人们高档的精神需求、融洽、均衡情绪方面的作用是有目共睹的。因此设计的意义要素的引入，并非设计师“突发奇想”，反而是人们所需要的特性对设计的必然要求。产品设计使产品将不再是身外之物，在产品设计的同时融入环保创新理念，这样才能使人类在产品设计的未来走得更加长远，从而成为时代潮流中不可缺少的一部分。

目前产品设计充斥着人们的生活。在渴望追求富有活力的生活情趣来激荡心中的生活热情的同时，人们更需要一种物质与精神相平衡的生存方式，产品设计正是以此为背景而产生的。本书是产品设计与开发探索方向的著作，简要介绍了产品设计概论、产品设计规律、产品功能与产品设计的结构与造型等相关内容。另外介绍了产品开发与创新，还对陶瓷艺术产品设计与开发以及旅游工艺品设计与开发做了一定的介绍。希望本书可以让产品设计与开发的工作人员快速、全面地了解相关知识。本书对产品设计专业教育者和学习者，以及产品设计爱好者具有一定的价值和意义；对工业设计专业的学生及初级从业者具有很好的启迪、指导作用。

本书由绥化学院霍治民、重庆公共运输职业学院陈冬担任作者，具体编写分工如下：第一章、第六章、第七章由陈冬编写（共计 10.2 万字），第二章至第五章由霍治民编写（共计 14.6 万字）。霍治民对全书进行了统稿、审定。

撰写本书过程中，参考和借鉴了一些知名学者和专家的观点及论著，在此向他们表示深深的感谢。由于水平和时间所限，书中难免存在不足之处，希望各位读者和专家能够提出宝贵意见，以待进一步修改，使之更加完善。

目　录

第一章　产品设计概论

第一节　产品设计基础

一、产品设计的概念

（一）产品设计产生的两大因素

1. 人们对产品设计的内在需求

（1）产品设计多样化

人们喜欢多样性，期待惊喜与创意，想要独特的感受。因此，产品设计需要兼具多元化和艺术创意。对于消费者来说，有无限选择是很自然的，是现代消费者的需求。

（2）产品设计语意化

设计师的设计和消费者对产品的认识一样重要，他们的共识是设计的基础。设计师编码，消费者解码，这是一个过程。设计师创作的产品不仅仅是外观，还有它所能提供的价值和消费者的体验。

当造型设计出现过多新的符号含义，就会因为信息量过大而使消费者无法理解。反之，当产品的造型设计全是由人们的知觉定势所完全理解的符号构成，那么该形式设计的审美主体便会失去审美兴趣。

2. 产品设计发展的重要趋势

在产品发展早期，设计主要关注实用性，内容可能显得抽象和枯燥。消费者只把产品看作单一的物质，与他们相关的活动对象更密切。当代产品的整体价值不仅限于物质性的完备，更关注消费者的精神价值，从而提高消费者的生活质量，也提高了产品在市场上的竞争力。因此，产品设计不是单纯物质性的消耗，而是人类精神世界和生活品质的体现。

（二）产品设计中的重要体现

1. 体现在产品的造型上

设计的本质和性能必须通过合理的造型体现出来，才能使它们明确、具体和实际。过去，设计被称为“造型设计”，尽管不算完善，但至少表明了造型在设计中的重要性。

设计的外观是客户第一次体验产品时的印象，所以它是产品艺术创意与实用性的形象化体现。优秀的产品设计不仅美观大方，而且功能实用，为用户提供视觉上的愉悦和操作上的方便，带来良好的使用体验。

2. 体现在产品的功能上

伴随着时代的发展，促使产品一再提倡其功能的具体性，应用高效率，以及多样化、语意化、实用性的结合，予以人们更广阔的使用空间。如：装饰产品不仅仅是单一的艺术，它体现着人的灵魂和情操。装饰与装饰画似乎总是人们谈论的一体，有人说，房子装修得再好，它也离不开装饰品、装饰画这些艺术品。艺术有时不会很清晰，也不会很具体地去表达什么，就像人听到音乐，每个人听到的是一样的音乐，但脑海里的一定不是同一场景。因此，产品设计在满足实用性的同时，还要结合人们的生活方式、喜好等多方面的因素，让产品不仅是一件单纯的物品，更成为人们生活中不可或缺的美好元素，对于提高生活质量有着不可忽视的贡献。

在当今社会，产品外观设计不能仅仅以模仿人形或柔和颜色为特征，也不能仅仅具备独特的功能。它必须符合社会需求和消费者的理念，将功能与造型结合，向使用者传达时代需求。最终，它所体现的是人文情怀，是人与商品的完美结合。在产品设计中同时融入环保创新理念，这样才能使人类在产品设计的未来发展走得更加长远，从而成为时代特征中不可缺少的一部分。

二、产品设计内涵和外延

（一）我国工业设计专业的发展历程及其与产品设计专业的渊源和关系

产品设计专业要在原先艺术类专业工业设计专业的前提下发展而来，其研究对象的内涵和外延首先要了解该工业设计专业教学的特性。在我国，高等院校发展工业设计专业肇始于江南大学前身无锡轻工业学院在20世纪60年代建立的中国第一个工业设计类专业“轻工日用品造型美术设计专业”，归属于艺术类专科。1986年，无锡轻工业学院工业设计初次招生“理工类”学生，并在全国率先产生“艺工结合”的教育体系。从此，工业设计专业逐渐形成了理工类设计专业与招收艺术类专业工业设计专业相结合的局势，本科学生各自授予工学学士和文学学士学位。2011年，教育部新修订的《学位授予和人才培养学科目录（2011年）》中，艺术学成为独立学科门类，下设设计学等5个一级学科。设计学下属的产品设计专业二级学科，也就是原来设计艺术类的工业设计专业授予艺术学学位。工科工业设计专业则依然作为工学学科门类机械设计所属专业，授予工学学位。这样一来，确立产品设计专业与工业设计专业彼此之间的差别和关联性成为一个亟待解决的问题，研究对象的内涵和外延自然就是处理该问题的关键所在。

（二）基于产品设计专业的学科传承和当前的学科属性，探讨产品设计专业研究对象的内涵

产品设计专业以产品外观和使用性能为核心，结合工程技术和艺术设计理念，研究产品设

计问题。它与工业设计专业的目标一致，又与工科的工业设计专业存在一定差异，因为产品设计专业不仅仅关注产品的外观和使用性能，还关注产品的社会需求、消费观念和人文情怀。工业设计已经不仅仅是单纯的外形设计，它更注重产品的整体性能和人性化。在工业设计中，产品的外观、结构、材料、功能、生产工艺等都是需要关注的重要因素，以确保产品的使用效率、安全和舒适性。因此，工业设计是一门需要综合运用科学、技术和艺术的综合性学科。工业设计是一种综合性的创新行为，它将科学、艺术、经济和社会的要素融合在一起，致力于提高产品的功能性、美观度和人性化。随着社会的不断发展，工业设计的研究方向也不断扩大，从单一的工业产品研究发展到包括人、机器和环境在内的工业产品系统。因此，工业设计师不仅需要满足人们对产品的实际需求，还需要考虑人们的审美需求。简而言之，2011 年以后，设计专业被提升为一门学科，其中包括产品设计专业。产品设计专业是设计学中非常重要的一个二级专业，具有跨学科交叉的特点。它继承了原有工业设计专业的特点，同时突出设计技术的专业性。

（三）基于当今时代发展背景以及产品设计专业的现状及未来趋势，探讨产品设计专业研究对象的外延

产品设计是一门综合学科，涵盖了科学、艺术、经济和社会多个方面。它以工科和艺术美学为基础对工业产品进行设计。主要研究对象是智能化、大批量生产的工业产品，如电器产品和交通工具。产品设计是一门重要的基础学科，旨在科学合理、艺术美学和经济发展方面发挥作用。产品设计一直是工业设计的主要研究对象，特别是随着信息时代的到来，电子计算机和其他信息技术产业的产品也成为工业设计的研究对象。然而，随着科技的发展，产品设计不再局限于传统的工业产品，已经包含更广泛的研究对象。因此，产品设计需要不断扩展和更新研究对象，以适应日新月异的信息科技发展。包括用户交互界面设计、信息内容视觉传达设计和用户体验设计，都已成为重要的研究对象。同时，产品设计也需要紧密结合商学院知识，如网络营销，使商品规划成为产品设计的关键部分。

现代产品设计不仅仅涵盖产品的外观设计，还要考虑到产品的功能性、可靠性、使用体验以及信息化等方面。因此，产品设计专业应该不断发展和拓展，同时保持对传统的承认和尊重，继承和弘扬专业传统。

第二节　产品设计方法

一、产品设计构思方法

（一）产品设计

产品设计的方法包括：需求分析、观察生活方式与行为方式、科研成果应用、创造优秀作品等。产品设计师需要对用户需求进行深入分析，通过观察生活方式与行为方式，结合科研成果应用，创造出符合用户需求、具有实际效用的产品作品。产品设计是将最先进的理念、技术、加工工艺与材料和系统相结合，同时也是对积累的观念、性质、形态、结构和应用方法的提炼和提升的过程。设计的目的是提高生活品质，满足人们不断增长的需求，创造新的生活方式并带来愉悦体验。设计需要不断创新，探索新的可能性，以适应人们不断变化的需求。产品质量设计是一个不断探索的过程，将一直持续下去。

（二）产品设计构思方法

1. 培养正确的构思方法

产品设计的灵魂是构思。设计多数情况下都是一个从浅入深的过程，从不完善到逐渐完善的过程。因此，在产品设计中，我们应该立即勾勒出所有能想到的设计构思，即使是一个微不足道的想法，也可以通过它寻找入手点，加以拓展。通俗地说，设计的关键在于打开思路。如果思路僵化，想法也会停滞不前。所以，在设计中应该尝试从不同角度和层面思考问题，不拘泥于旧的思维模式，可以尽量提出各种想法，并通过融合和提炼得到新颖的解决方案。

2. 产品设计中创新思维的重要性

设计的成功在很大程度上取决于创造力，而创造力的产生与发展是通过人的逻辑思维活动形成的。设计过程是拓展想象、进行创新的过程，因此创造性思维在产品设计中扮演着至关重要的角色。产品设计的关键在于创造性思维，它是贯穿整个设计过程的。创新能力很重要，因为它允许你摆脱旧的想法，探索新的可能性。产品设计就是将创新思想应用于实际行动，以设计出引人入胜的优秀产品。

3. 生活是创意的重要来源

对于设计师来说，不断学习和不断实践是非常重要的，要不断积累知识和经验，提高设计水平。在设计过程中，应该不断思考、探究，善于发现问题，并从不同的角度寻找解决方案。通过不断探索，不断尝试，才能找到最佳的设计方案，创作出具有吸引力和创意的设计作品。

生活是一块对创意产生影响的土壤。产品设计师们应该观察周围环境，积累知识，寻找创意灵感，培养敏锐的艺术洞察力。在设计时，要发掘生活经验并将其整合到创意概念中。

产品设计要有创造性，是对生活意义的创造，是对个人存在形式的再创造。设计师需要有敏锐的观察力，并不断思考总结，找到适合自己的设计方法。在设计思考中，要灵活运用多种方法，不固守一种方法。

二、简约设计的产品设计方法

（一）简约设计观

简约设计理念是通过使用最简单的结构、最经济的材料、最简洁的形式和最纯净的表面处理来进行产品设计的思想。

简约设计是以简单、经济、实用为标准的一种设计风格，来源于现代主义，是社会发展的必然趋势。在设计过程中，应以功能、形式的统一为目标，注重设计的简洁性。简约设计不仅仅是一种设计风格，更是对产品的价值、实用性和艺术性的表达，是在当前资源匮乏、环境污染日益严重的情况下的理念和责任，使产品更加合理、经济、实用且具有艺术性。设计师应该把简洁的设计思想融入产品设计中，避免奢侈豪华的风格，更好地体现产品的价值和艺术审美要求。

（二）伦理设计观

设计伦理的核心目标是可持续发展，关注产品的生产、使用和废物对环境的影响。为避免过多的资源浪费和环境污染，设计者应该以合理、节约和有效利用资源的原则来设计产品。设计过程中避免产品对消费者产生不必要的困扰，如价格上涨、短暂的使用期限和难以理解的说明。产品的设计应该简明易懂，注重功能的实用性。

设计师在设计的过程中，应该以用户为关注点，了解社会效益。设计师的职责是使世界变得更好，而不是更差。通过使用最少的网络资源实现最理想的社会效益，可以使整个世界变得更美好。我们应该倡导“以人为本，以人为中心”，同时也要关注人与环境、人与自然的和谐关系，纯粹注重以人为中心显然是不可取的。所以，只有将伦理学习的内容带入设计中，让伦理设计观念成为每一位设计师的主动构成部分，才有可能在今后的设计活动中避免那些不负责任、不道德的设计行为。

（三）中国节约型产品设计的发展趋势

在产品设计中，应该结合传统自然观和美学观，体现自然的简约和人性化的特征，避免单调冷漠或奢华浮夸的设计风格。需要注重以人为本，考虑人们的需求和实际情况，从而设计出实用、简洁且具有人文关怀的产品。

第三节 产品设计思维和设计理念

一、产品设计中的创新思维

产品设计的过程可以看作是发现问题、思考问题、解决问题的过程，它通过物的载体借助一种美好的形态来满足人们的物质或精神的需要。而创新思维是一种全方位的思维方式，可以帮助人们从不同的角度、不同层面上思考问题，进而提升思维定式，激起设计构思，从而使大家思考问题更加全方位。因此，创新思维的塑造进一步提高了设计方案能力。

创意始终依赖设计者的创造性联想，联想是创意的关键，是创新思维的基础。那么，什么是联想呢？它是指因一事物而想起与之有关事物的思想活动；由于某人或某种事物而想起其他相关的人或事物；由某一概念而引起其他相关的概念。联想是暂时神经联系的复活，它是事物之间联系和关系的反映。各种不同的事物在头脑中所形成的信息会以不同的方式达成暂时的联系，这种联系正是联想的桥梁，从而可以找出表面上毫无关系，甚至相隔遥远的事物之间的内在关联性。例如，我们由点可以联想到线，再由线联想到面和体，甚至空间。就产品设计而言，通过联想可以拓展创新思维的天地，使无形的概念向有形的产品转化，然后创造出新的形象。

想象是一种复杂的心理活动，它是人们通过提取记忆中的材料进行加工改造并产生新形象的心理过程。它可以是无目的的，也可以是有目的的。想象是人类对客观事物的独特的反映形式，可以打破时间和空间的限制，是一种具有广泛性和丰富想象力的心理活动。但想象归根到底还是来源于生活，客观现实中的各种启示激发出无穷的创意，对我们进行创造性的思维活动有十分重要的作用，能有力推动创新思维的发展。尽管想象可以不符合客观现实的逻辑，但是在产品设计中，它都要按照设计的目的和要求去运动，在构思中，不论想象如何奇特和自由，都不能脱离表达主题思想这个基本要求。

逆向思维是超越常规的一种思维方式，通常人们习惯于沿着事物发展的正确方向去思考并寻求解决办法。然而，对于某些问题尤其是一些特殊问题，从结论往回推，倒过来思考，从求解回到已知条件，会使问题简化，甚至有新发现。运用逆向思维去思考和处理问题，实际上就是以“出奇”达到“制胜”，其结果常常会令人大吃一惊或有所得。朝着人们思维习惯相反的方向思考，才容易开辟新的领域，发现新的问题，以表现自己对已有认识、已有结论的超越。

多向思维是一种从多个角度和方向思考问题的能力，这种能力有助于增加解决问题的方法和途径，同时也能培养创造力和创新思维。通过多向思维，人们可以对现实世界的问题从多个角度进行探究，从而更全面、更准确地理解和解决问题。

在今天这个技术和设计整合的时代，我们的生活越来越离不开设计，不仅关注自身的需求，也涵盖了家庭、朋友、邻里，乃至全社会和世界生态的关注。基于不断满足这些需求的基础上，融入创新思维的设计，可以促进社会的进步，令人们的生活更加美好。

二、产品设计中的理性思维

产品设计所追求的最真切的内涵是永恒的、本质的、真理的。这就要求现今的设计师们在实践、创造中用这种思维语义去创作自己的作品，创造出当今消费者的需求。因为在21世纪的今天，消费者们毫无准备也没有时间来决定或想象高科技产品将会怎样改善他们的生活，这就决定了产品设计师要担当这一决策人的责任。

新产品和新服务上市的速度极快，但不管怎样变化，工业设计师依然应该着眼于现在和可预知的未来，给人们带来具有前瞻性的、经典的产品，并以合理化的手段投放市场，建立健康的工业产品创作运行模式。

（一）产品设计实现过程中的首要思维程式

设计一个产品时，我们首先要进行市场的分析、定位，要去广泛地了解市场中的同类产品，认真做好市场调研工作，尽可能多地收集同类产品的设计、科研资料、工艺情况、产品材料和耗能情况的数据分析情报，按照功能的复杂程度和价格高低进行分类。然后进行竞争者分析和自身品牌分析，找出同类产品竞争者的缺陷和自身品牌的优势与识别传承性，依据该结果确立新设计的功能和价格，找出新设计在市场中的定位点，并依据该定位点确立基本造型和结构关系。

另外进行的是客户分析，也就是分析委托客户的个人取向，了解他们的爱好和需求，要在做设计时与之及时沟通，了解委托客户的生产能力和工艺水平，了解他们的优势和不足，并依据实际情况确立新设计的广度。争取用最快的速度取得客户对产品设计的认可，只有这样才能使自己的设计与生产方达成共识，让自己设计的产品尽快上市。

除此之外，我们还要对产品本身的成本进行控制，依据基本造型大致确立将要生产的产品的零件数量，并且在设计的始终时刻保持对成本的控制，将成型难度降到最低点，确保基本造型便于拆装和维修，并且包装后不增加额外的运输成本。

我们在生产过程中，首先需要调整好自己的思维方式，要使自己的产品能够成为合理的、前瞻的作品，就要时刻保持这种如绘画中“坚持第一感觉”般的设计思维。

（二）设计过程中用户群、所处环境及人机工程等方面的分析

1. 用户与消费群分析

我们要依据上一思维程式确立一个目标用户群。该用户群的消费能力影响产品的价格因素，反过来，产品的造型特征应体现出产品的价格区间。这是我们确立产品价格的一个至关重要的因素。该用户群的年龄、性别、受教育程度决定他们的审美取向；他们的工作和生活方式决定他们的消费习惯。因此，新的设计应依据该用户群的审美取向和消费习惯，确立产品的色彩语义和视觉感受倾向。

2. 对所处环境的分析

我们依据产品所要表达的色彩语义、潮流因素以及视觉倾向，大致确立新设计的造型风格。分析产品所处的环境或使用场合周围的物体，拿现成的因素推敲造型风格，依据产品与环境和谐的原则确立新设计的造型语义。设计不可以超越环境氛围，应紧密与周围环境相融合，如违背将会造成产品设计的突兀，从而影响大众对设计的认可度和信任度。

3. 从人机工程学的角度分析

在未来的创意社会中，人机工程的运用将更加重要，以人为本的思想决定了我们所做的设计要依据基本造型语义确立人机关系，用简图分析尺寸和作业半径，保障符合人体使用尺寸，舒适、宜人。科技产品应变得越来越实用，用户可以更加容易地掌握、使用它们。产品功能所带给人们的认可度和美感，除了功能性的实现，其材料也发挥着很大的作用。我们在设计时应考虑环保性的材料和便于回收再利用的结构，无障碍的造型，不可有对人体造成伤害的形态，要将操作难度降到最低点，使你的设计更具有功能之美。

（三）产品设计中的新技术运用、产品细节与功能再定义及对自身结构分析

1. 新技术运用

在产品的上述因素分析完成后，我们要着手产品的实现过程。首先我们要注重新技术在设计中的应用，在每一个设计师的设计生涯中非常紧要的就是时刻关注制造技术的新发展，新的成型工艺或材料可能带来更多的功能可行性，或者产品的美学潮流。例如表面UV漆、钢琴烤漆、光敏电阻器、导光LED、半导体技术，依据可能的新技术、新趋势，为新设计确立新概念，使我们的产品更具未来性和前瞻性。我们要让自己的作品引领时代的潮流以适应当今艺术与技术迅猛发展的时代，因此新技术核心材料的掌握和信息的更新，也成为我们在设计中冲出凡俗陈旧、创作出新颖独特产品的制胜法宝。

2. 产品细节与功能再定义

我们要寻找功能本质和普遍宽松定义，寻找功能类似的产品。例如，椅子的本质是坐具，键盘的本质是输入信息的工具，旋钮的本质是可移动位置的操作等。我们将这些概念化的名词回归到其最原始的本质，再将这一本原的概念依据功能本质重新进行逆向的发散思考，小概念放大化，重新构建功能的可行性。借鉴使用环境里周围物体的造型细节或可实现功能本质的同类产品，来构建新设计的细节，完成语义联想。

3. 要对产品的自身结构进行分析

我们设计出产品的大致形态、功能后，要对现有掌握的同类产品的资料进行彻底分析，确认零部件之间的功能关系和零件布局的目的，区分可变因素和不可变因素。在符合客户的意见和喜好、成本标准、用户群体认识、环境的融合、人机工程学的具体分析等因素后，对可变因素进行再推敲，依据功能关系和新的造型语义对可变因素进行重新排列组合，并确保其布局符

合和谐美学标准和新的造型语义。

产品设计的语义，不单单是为了创造出好的产品，更重要的是为了现实而又超越现实的设计。在整体的设计思路中，我们要遵循科学、合理的思维方法，只有这样才能达到创新的高度。从宏观上而言，顺应时代的发展，为人类社会带来新的亮点，注入新鲜血液，而不是刻板地描摹或不合逻辑的、偏执的设计。从微观上，使设计出来的产品得到商家和大众的认可，尽快与生产相结合，投放市场，实现设计创作的最原始的价值。

三、创新性思维在产品设计中的应用

创新是打破常规的思维活动表现在意识形态上的哲学反映，创新的力量来源于创造性思维的开发和拓展，创造性思维是人类运用大脑开拓新的认知领域、开创新的认知成果的全新意识活动，是人类思维模式的最高级表现形式，一旦创造性思维被论证合理可靠，就奠定了产品设计的有利开端。

产品设计的出发点是功能创新，功能创新主要依托于技术的创新，一项新技术成功地应用到新产品上，往往会改变产品的原有形态模式。设计中的功能性创新是最重要的。新产品的开发的主要目的是满足消费者不断新增的需求，全球知名企业的创新重点仍然是功能性创新。

形式创新是建立在功能创新基础上的，有什么样的功能就会产生与之相适应的形式载体，换言之，一个成功的产品，只要功能具有合理性，那么它的形式也应是合理的，这符合“形式追随功能”的设计定律。但并不等于一个功能只对应一个固有的形式，在功能相同的条件下，设计人员会根据市场调研情况进行多种形态的尝试，从而满足消费者的多样需求。

产品能给人带来美的视觉享受，是因为其形式符合人的审美要求。

汽车除作为交通工具外，也是文化的载体。如甲壳虫轿车富有幽默和情趣的设计理念，既符合空气动力学的形态，又表现出积极向上的能量主题，打破了传统汽车产品的机械化冷漠感，以其活泼可爱的造型赢得了市场的青睐。再如青蛙笑脸版的奇瑞轿车，将两个车前大灯仿生成眼睛，将车前盖仿生成微笑的嘴巴，亲切而平实。车身还有许多塑料，触感温和，没有异味，仪表和控制台设计走间接路线，按键大，布局清晰，简单熟悉后即可完全掌握，这绝对是年轻女士的首选款型。

设计中，创新产品功能是首要任务。新产品的研发目的是满足消费者不断增加的新需求。企业管理的重心仍然是功能性创新。在开发新产品的过程中，传承传统和创新变革并存，但创新不是摒弃传统，而是通过引入新思维来改良传统产品和创造新产品。只有通过创新，产品才能真正满足人们的需求，也是产品设计的意义所在。

四、逆向思维在产品设计中的应用

我们面临困难或问题时，逆向思维不仅可以帮助我们思考问题的根本原因，还能为我们找到更有效的解决办法。它要求我们对某件事情的本质进行深入分析，从而找出最适合的解决办法。逆向思维是一种更加全面、全方位的思维方式，可以为我们获得更高的效率和更全面的解决方案。

（一）改变推力方向，困难变容易

在某次产品设计中遇到了如下问题：有一工字钢板已经埋入墙壁中，墙壁周围（除了工字钢附近）都粘有防护层，现产品上有一工件需要固定到工字钢板上，且工字钢板上不允许打孔或焊接，该如何设计呢？

在项目初期曾按照通常思路“顺理成章”地提出了如下设计方案：制造两个“U”形卡，并将其固定至工件背后，安装时将其卡入工字钢中，再用两个螺栓从后面拧入“U”形卡（U形卡上有螺纹孔），拧紧，当螺栓完全抵至工字钢上时，就起到固定作用。

乍一看，方案可行、固定可靠。但在实际装配过程中才发现，两个用于卡紧的螺栓安装非常困难（几乎不能安装）。由于防护层较高，操作人员很难将手伸入工字钢板内侧拧螺栓。

对出现的问题怎么解决呢？其实仔细分析，螺栓在此处仅仅起到产生推力的作用，而推力的方向是可以改变的。以上方案的推力是从内向外才造成拧紧困难，那如果能将其改为从外向内，问题应该可以得到解决。在此思路的指引下，改进的方案也就产生了。

这个产品的主要改进在于在工件顶部增加两块“L”形板并与工件连接紧固，再用“U”形板将工字钢与“L”形板一起卡入。最后将螺钉从前方拧入，抵上“L”形板，起到紧固作用。

如此改动的最大好处是方便安装，当改变了推力方向之后，工作人员不必再将手伸入防护层内部，只需在外部拧紧螺栓即可。

（二）调换结构形式，麻烦变方便

以上改变推力的方向，可使安装过程大为简化。但大多数时候改变方向的不只是力，还应包括结构形式，如下凹或者上凸的位置也可使装配过程变得更轻松。例如在某产品的研制初期就设计出这样的结构：

为了安装前端的“O”形密封圈，筒体的前部比后部厚。需要安装的元件与后盖直接固定连接在一起。按照设计，装配时将元件与后盖一起从后端推入。

设计之初，并未发现任何问题。但到装配时才发现若是元件与后盖的固定在垂直度上稍有偏差，则元件很容易抵死在筒壁上变厚的地方，致使整个产品难以顺利安装到位。那么，有没有办法让产品的设计得到优化呢？其实分析问题出现的原因，不难发现，元件其实是卡在了筒体由薄变厚的台阶上。如果将元件与筒壁的间隙调大，那么卡死的问题便能得到缓解，但是得靠降低装配精度作为牺牲。那有没有其他的解决方案呢？既能彻底解决问题，又能不牺牲装配精度。回答是肯定的，只是要完全调换设计思路——将加厚部分放至筒壁外侧。

在改进方案中，将筒壁的加厚部分设计至筒壁外侧，即让元件只在光滑筒壁内滑动，从而有效防止了容易出现的卡死情况。改进之后，其他功能几乎不受影响，却大大方便了装配过程。

总的来说，逆向思维是一种有效的思考方式，它有助于我们从不同的角度看问题，寻求新的解决方案。但并不是所有情况都适用，在大多数情况下，顺向思维仍然是解决问题的首选方法。因此，我们应该根据具体情况，灵活运用不同的思维方式，以解决问题。

第二章　产品设计规律

第一节　产品设计中的传统元素

中国传统文化历史悠久，源远流长。一直以来中国传统元素在设计界有着独特的地位。近年来“中国风”在国际上盛行，在人们回归传统的思潮影响下，与传统元素有关联的设计作品频繁出现。许多产品仅仅依靠模仿传统图案的视觉效果吸引大众，推敲之后并无新意，是一种贴标签式的设计，并不符合时代潮流及人们的生活需求。因此在现代产品设计中如何运用传统元素，该如何发扬光大传统元素还需仔细推敲。

一、传统元素的概念定义

（一）广义的传统元素概念

中国历史中具有代表性的物质与精神文明成果统称为“传统元素”，包括形象、符号、风俗习惯等。例如书法、国画、中国结、玉雕、中药、唐装等，它们都体现了不同时期中华文明的辉煌成就，是中华民族宝贵的物质和精神财富。

（二）传统元素的分类

视觉形象：中国结、龙凤纹样、京剧脸谱等。中华民族文化艺术经过漫长的历史凝练后，逐步形成各具内涵的图形和纹饰。这些传统元素主要以视觉形象呈现，其中包括各类吉祥图案、纹样等，成为能看见的、静态的传统元素。

物质创造：四大发明、陶器瓷器、唐装、丝绸刺绣等。这些传统元素主要是中华民族发明的器物、服装、手工艺品，在古代人们的生活中有一定的使用功能，同时也是中华民族智慧的结晶。

文化活动：戏曲表演、武术功夫、麻将、传统乐器演奏等。这些传统元素形成了古代人们文化与休闲娱乐生活的多样形式，其中有文有武，涵盖音乐、美术、戏曲、体育、游艺等方面，是传统文化多彩的篇章。

生活习惯：中餐、工夫茶、中医、传统节日等是中国文化的重要组成部分，对于维护民族的传统文化具有重要意义。正统的生活习惯能够使人们的生活更加有序、规律、充实。

（三）产品设计中的传统元素

产品概念中包含传统元素，意味着产品思想及其代表的生活方式和传统精神在设计中得到了体现，而不仅仅是形式上的元素运用。在现代产品设计中，产品概念是产品的重要价值所在。

产品造型中的传统元素可以作为设计师的灵感来源。传统元素包括传统建筑、纹样、动植物形象等，都能对产品外观造型、体积、表面处理等产生影响。以祥云火炬为例，它是一个很好地应用传统元素的著名设计。

产品工艺是指在传统文化的背景下，经过多代人的不断传承与演进，具有代表性的制作方法和技巧。在产品制作中，应用传统工艺不仅可以增强产品的价值，还可以展示其文化内涵，让消费者感受到传统文化的厚重与气息。例如：景泰蓝铜镜、中国传统织锦、木工雕刻、陶瓷烧造等。

二、传统元素的遗存与演变

（一）在不同的历史阶段传统文化的发展变化

随着经济的发展和人们生活水平的提高，消费者对产品的要求也不断提高，除了功能、性价比外，美观和独特性成为消费者考虑产品的重要因素。因此，设计师在设计产品时也需要兼顾传统与现代，在维护传统特色的同时，注入现代元素以满足市场的需求。在当前的社会环境中，个性与独特逐渐变得重要，产品设计也开始向这个方向发展。传统元素在产品设计中得以重新复兴，作为一种对传统文化与生活方式的回归。人们也开始关注在满足实用需求的同时，产品对人们精神与情感的影响。传统元素在产品设计中被充分运用，不仅能带给人们美的享受，还能帮助人们重新认识自己的文化传统。

（二）传统生活与现代生活的差异

传统生活方式与现代生活方式有明显的差异，现代生活具有时代性和创新性。现代市场竞争加速了人们的生活节奏，技术进步提高了劳动生产率，缩短了工作时间，增加了休闲时间。现代生活具有创新性，人们的衣食住行在不断更新，更新周期不断缩短。

现代生活强调物质和精神消费。人们生活水平快速提高，物质丰富，精神消费（如娱乐、旅游、学习、收藏等）也受到重视。即使物质消费，人们也会追求更高的文化品位，对装饰、餐具、酒具等都会追求较高的品质。

现代生活中体现了个性和多样性的特点。家庭是消费生活的主体，各家的经济条件、社会关系、家庭成员的个性和社交圈不同，生活方式因此呈现丰富多样。现代社会也为人们的个性生活提供了条件，从而打破了以往消费方式的单一化和生活同质化。

三、传统元素在现代产品设计中的应用案例分析

（一）豆浆机

豆浆和豆腐是中国人饮食传统的重要组成部分，豆浆是营养丰富的饮品，对健康有益。人们经常喝豆浆，特别是作为早餐的配食，在中式早餐铺几乎是100%存在的。因此，豆浆机的热销可以说是商机与文化的完美结合，中国人的传统饮食文化对豆浆的喜爱与现代人对健康生

活的关注，都成为豆浆机销售的助力因素。正因为如此，豆浆机这一产品在中国市场表现良好，成为家用电器市场中的一支劲旅。

（二）祥云火炬

祥云火炬中“渊源共生，和谐共融”的祥云图案是具有代表性的中国文化符号。火炬造型的设计灵感来自中国传统的纸卷轴。纸是中国四大发明之一，人类文明随着纸的出现得以传播。源于汉代的漆红色在火炬上的运用使之明显区别于往届奥运会火炬设计，红银两色对比产生醒目的视觉效果。“祥云”火炬浓缩了中华民族悠久的文化传承，“红”“祥云”“中国印”“卷轴”等，从视觉到含义，无不体现出中国文化的壮美神韵。

（三）按摩椅

中医学中的推拿按摩是保健的一种常见方式。电动按摩椅利用现代技术，兼具按摩、推拿和保健功能，方便了人们在家里自我按摩，满足了现代人对健康和舒适生活的需求，在市场上取得了成功。

四、传统生活方式下的现代产品设计实践

产品设计实践中，选取饮茶这一中国传统生活习惯作为研究对象，进行与茶文化相关的用品设计。在研究过程中，主要涉及以下几个方面：

（一）课题调研与相关问题研究

1. 茶文化的含义

茶文化是包括评价茶叶、鉴赏茶道、享受茶香等全过程以及氛围的文化体验，它将形式和精神融合在一起，是在饮茶过程中形成的文化现象。茶文化的历史悠久，根源深远，具有丰富的文化内涵。中国人从古至今一直有“迎客斟茶”的习惯，这反映了中华民族对客人的尊重和文明礼仪。茶文化是中国文化的一部分，强调细节，注重茶叶、茶水、烹制、茶具、环境以及饮茶者的修养、情绪等多个因素共同形成的茶道之美。

2. 泡茶的一般程序

中国茶文化的泡茶程序包括以下步骤：（1）清洗茶具：用热水清洗茶壶和茶杯，再沥干；（2）放置茶叶：用茶匙将一定量的茶叶放入茶壶或茶杯；（3）冲泡：按一定比例用开水冲泡；（4）敬茶：主人端着茶盘或茶杯，使用特定姿势向客人敬茶；（5）鉴赏茶：先看茶的颜色，闻其香气，再尝味；（6）续水：根据不同茶种，通常需要续水 2 ～ 3 次。

3. 现代生活方式下的茶文化

现代人喝茶不仅是解渴，还是一种放松心情、邀友聚会的方式，还是一种享受，是人们调节心性的手段。现代的茶文化具有大众文化的特征，并不再局限于传统的封建范畴。现代茶馆不仅保持了传统茶馆的传统文化，而且注重现代人的需求，提供了多种饮茶的方式。茶馆是一

个以茶为主题的社交场所，让人们在忙碌的生活中找到一个可以放松和休息的空间，让身心得到沉淀。

4. 茶文化相关产品

调研主要关注茶叶、茶具、配套用具与家具。研究发现人们饮茶的原因有喜爱茶、提神健脑、促进健康等。购买茶具的原因包括使用、收藏、送礼等。很多年轻人不喜饮茶是因为不够方便、不吸引他们等等。

（二）概念确立与设计过程

设计概念主要考虑保留茶文化的精髓——禅意与仪式感，同时与现代化生活方式相结合，形成了饮茶方式和茶具设计的创新。表现禅意分四个方面：风格方面，简单、朴实、素雅、自然；造型方面，简洁、正方形、矮小；颜色方面，素色、深褐色、米色、浅灰、白色；材质方面，木材、竹子、石头、陶土等。

传统元素是指传统文化中的一些特殊元素，它不仅包括视觉上的图案和纹样，而且包括传统文化的历史背景、内在价值和理论思想。研究和理解传统元素需要从多个方面、多个角度进行，不能仅仅局限于表面的模仿和视觉化。正确继承和发扬传统文化需要把握传统元素的历史背景和内在价值。在产品设计中，引入具有生命力的传统元素，比如健康饮食和生活方式，可以符合时代潮流和契合大众心理，更容易获得人们的认可，从而实现商业上的成功。传统元素在不同产品中体现的形式也各不相同，需要根据产品的功能和风格进行再提炼和设计。了解不同背景消费者的消费心理，更容易设计出受欢迎的地域特定产品。

第二节　产品设计中的传统视觉元素运用

在全球化背景下，运用传统视觉元素也可以吸引国外消费者的兴趣，增加产品的竞争力，在产品设计中正确运用，有助于弘扬中华文化，增强国人的自信心，丰富人们的生活体验。在产品设计中应用传统元素不仅增加产品的文化内涵，提高产品的认同感，也为中国文化传播提供了新途径，是推动中国文化走向世界的重要方式。因此，在产品设计中运用传统视觉元素是有意义的。

一、中国传统视觉元素

传统视觉元素的应用在当今的产品设计中非常重要，它不仅能够增加产品的文化内涵，而且有助于提高产品的认知度，同时能够丰富和提高设计的价值。传统视觉元素是中国文化的象征，能够体现中华民族的独特传统文化。将优秀的中国传统视觉元素应用到现代产品设计中，能够为现代产品带来中国特色，从而让中国文化走向世界，展示中国文化的独特魅力。

中国传统视觉元素对于传统文化的体现和中华民族艺术造物的表现具有深远的影响。在现代设计中应用传统视觉元素不一定是宣扬民族主义，而是对传统艺术的敬仰和尊重。传统视觉元素在传统建筑、历史景观、民俗节日、手工艺、服饰、食品、戏曲、音乐、体育、吉祥物等方面都有所体现，其中以中国传统造型、色彩、材质三者最明显。

（一）中国传统造型

中国传统设计具有精巧平和、气质高雅、细节处理出色等特点。传统建筑、绘画、雕刻等以物质展现精神实质，从细节到整体都充满了大气之美。例如斗拱、瓦当、陶瓷、玉器、明式家具等均营造出丰富的艺术形象。

明式家具因其关注材料选择、科学结构、优美线条等而独具特色。其制作精细合理，结构坚实，耐冷热湿，比例合理、符合审美、改善不良姿态。明式家具的装饰以简素的面貌为主，局部会用小面积的漆雕或透雕来装饰，繁衬简，朴实而不俭，精美而不过于繁复。整体和局部、长宽高的比例适宜，讲究方中带圆，圆中有方，一气贯通的线条，有小的曲折变化。

（二）中国传统色彩

红色在中国传统文化中是一种象征喜庆、吉祥的颜色。红色是中国色彩特点的重要代表，像中国红、银朱和朱砂等红色系列都非常典型。中国传统艺术在创造色彩方面拥有丰富的想象力，表现出色彩的多样性、地域特色和巧妙使用金银等特点。例如以“浓烈煽情的对比法”和“温情含蓄的调和法”最具特色，浓烈煽情的对比法中通过红与绿，蓝与黄的强烈反差来营造一种对比力度，再用黑白、金银的间隔安插起到丰富的效果。完美的色彩安排是美学设计中的重要因素，对于视觉上的整体印象有很大的影响。不同的色彩安排方式都有其独特的效果，比如居中式适用于强调中心，角隅式适用于突出边角，散点式适用于制造动态效果等。而调和法则强调了色彩的相似性和连贯性，追求温柔舒适的视觉效果。

（三）中国传统材质

中国传统的材质有陶瓷、玉石、丝绸、剪纸、漆画等。六朝时期的青瓷，因其釉中含有较多氧化铁，在氧化焰中烧制成黄色，在还原焰中烧制成青色。六朝的青瓷产地主要以浙江地区为中心，有代表意义的是越窑、瓯窑、婺窑、德清窑。青瓷的造型多种多样，已取代铜器和漆器在日用品中的地位。青瓷的主要品种有壶、尊、罐、碗、杯、盘、灯、炉、水注、魂瓶、唾壶等。陶瓷在中国传统材质中具有重要地位，隋代制成各种生活用品的陶瓷，其品种比六朝更为丰富。隋代器皿造型和六朝时期有明显变化和不同特征，出现了“龙柄双身壶”新品种。民间剪纸的审美意识是变形的，不求真实，善于夸张；不合透视，形体变形；不求物件形态毕肖，只讲简练传神；不求四肢齐全，讲究随心达意。唐三彩是一种低温铅釉陶器，因为它经常采用黄、绿、褐三种色釉，在器皿上构成花纹、斑点或几何纹等各种色彩斑斓的色釉装饰，所以称为“唐三彩”。此外也有涂蓝色釉的，出土数量甚少，故较珍贵。因此，虽然称之为“三彩”，实际上并不限于三种色釉。

（四）中国传统图案

中国传统纹样和图案是中国的一种传统文化和艺术，以人物、动物、植物、月亮、星辰、风暴、雷电等自然现象、人物、神话传说、民间故事、谚语等为题材，运用谐音寓意、象征、会意等不同方法，绘制图案，表现人们美好的希望和憧憬。它与中华民族的文化心理和情感表达密切相关，是通过一定的美的形式将图形和吉祥寓意结合在一起。

二、中国传统视觉元素在产品设计中的应用

（一）从传统形态中获得产品造型灵感

通过在产品设计中应用中国传统视觉元素，可以增强人们对产品的认知、理解和记忆。产品在使用过程中也能体现出独特的文化价值和气质，从而更容易与目标消费者产生情感共鸣。熟悉的形式和似曾相识的感觉，可以增加对产品对用户的亲和力和吸引力。因此，设计师需要研究中国传统文化中的优秀形态，以及传统形态与使用者记忆和体验的关系，从而将传统形态运用到优秀的现代产品设计中。

（二）传统色彩应用到产品设计中

中国传统色彩在现代产品设计中仍然有重要的影响力。中国传统色彩的等级观念虽然不复存在，但中国传统文化中对色彩的审美体验和文化内涵已经深入人心，成为现代产品设计的重要财富。此外，传统色彩的直接应用、精细化的形象应用、给予传统形式新的材料和色彩，以及给予产品新的功能等，都为现代产品设计提供了丰富的设计灵感。随着高科技电子产品的发

展和普及，新颖独特的具有中国特色的电子产品越来越受到消费者的青睐。将中国传统美学的原理和思想融入电子产品中，也是企业塑造形象，提升客户印象的方式和手段。中国创造的核心理念也将带动和传播更多具有中国传统美学的现代产品设计。

设计师们不仅在设计中使用中国传统色彩、形态等元素，同时也将中国传统文化中的人文态度、哲学思想、审美观念等融入产品设计中，以满足不同地域、不同文化、不同年龄层、不同性别等不同用户群体的需求。在全球创造国的转变中，中国设计师们充分利用中国传统文化的资源，设计开发了迎合中国人审美观念的优秀产品，巧妙地将中国传统文化中的视觉元素运用到现代产品设计中，大胆运用具有中国特色的造型、材料和色彩，迎合中国传统文化中喜庆、成功、吉祥、繁荣的象征，完美呈现出“中国精神”的美好与高贵，为世界贡献美好的生活方式和产品。

第三节　产品设计中的传统文化形态语义运用

一、中国传统文化符号在产品设计中的应用

作为设计师，学习和了解中国传统文化、色彩、造型以及审美风格等是非常重要的。这可以帮助他们在设计过程中加入中国文化的元素，使作品富有中国特色。通过将中国文化融入设计，中国的设计师可以展示中国的文化传承，并在国际上树立中国的形象。因此，将具有中国特色的元素和符号运用到现代产品设计中，是设计师应该认真考虑的问题。

（一）中国传统元素的思考

中国传统符号在当代设计中的运用应该考虑到创新性和现代性。通过对中国传统符号的重新诠释，提炼出它们的精髓，再结合现代设计理念和技术，可以在保留传统特色的同时，使其适应现代市场需求。这样，中国传统符号才能发挥它们的最大价值，在当代设计领域中得到更好的传承和展示。

第一，在思想上，要了解中国传统文化的精髓，首先要学习中国的传统思想。中国人的儒家文化思想根深蒂固。“和、中、忠、孝、礼、义”都是中国人一直倡导的哲学思想，传达了中国人对真善美的追求，体现了以人为本的善的精神实质。

第二，在形式上，汉字、斗拱、宫灯、图腾、皮影、白鹤、四圣兽、祥云、阴阳等，还有天圆地方的造型，呈中轴线对称分布的布局，都是能反映中国传统文化的符号。

第三，在色彩上，每个民族都有自己独特的色彩情感，人们对色彩的理解通常与民族信仰和民间故事联系在一起。比如中国红是趋利避邪、喜庆吉祥的象征。

第四，在装饰样式上，商周的饕餮纹、北魏的荷花金银花纹、北汉的四神人物、唐代的牡丹都是那个时代的典型装饰纹样，都反映了每个时代的时代背景和人文政治环境。因此，在应用中国传统元素的设计中，不能简单地模仿和复制，应该对其进行深入的解读和创新性的转化，使其与当代产品设计相结合，充分体现中国文化的精髓和时代性。

（二）产品设计中的传统符号

第一，产品设计需要美学和实用功能的完美结合，传统的审美价值观和现代产品设计类似，比如石器时代的石材设计。运用现代设计手法对传统文化符号进行合理的改造和整合，可以有效实现设计文化的延续而又不失现代感。

第二，一个产品能成功，一定是一个生动的设计，一个能体现一定文化内涵的设计，也一定能引起人的情感共鸣。相反，如果产品设计只有形式美而没有深厚的文化内涵，那只是情感的一瞥。这种内涵通常是一种文化的东西，是一种能够唤醒人们深层记忆的东西，也是一种传

统意义的象征。

第三，中国传统符号注重虚实关系和装饰美感。通常，这些符号呈现出完美对称的布局和相互融合渗透的形式，体现了一种对和谐统一的追求和向往。产品设计也讲究结构的平衡与统一，形式的连贯与呼应，产品的设计形式也可以从传统符号中寻找灵感。

第四，传统文化的符号通常看起来很简单，但具有丰富而深远的现实意义。利用传统符号对产品进行再设计，可以用传统与现代的构图方式创造出人性化、时尚化的产品。

因此，产品中的传统符号应该是现代与传统的融合，是意与形的统一，而不是某些设计情境和内容在没有对应意义的情况下，武断地将传统文化的形式强加在产品上。

（三）传统符号在产品设计中的应用

越来越多的人开始注意到中国传统文化的潜在市场。很多国际品牌在进入中国市场后，先于国人挖掘出中国元素并应用于产品设计，在国内市场也取得了巨大成功。中国自己的设计潜力被外国利用了，这对我们来说是悲哀的。因此，作为中国的设计，我们应该继承和充分运用本土的设计符号，实现产品创新和文化传承。

首先，中国文化中有很多传统元素，但并不是每一种元素都能应用到产品设计中。在应用传统文化符号时，不能仅仅停留在表面，而是要结合不同的设计背景和意义，合理选择合适的元素。例如，当我们要设计一个公共休息区的沙发，实现人与人之间和谐交流的功能时，我们可以以和谐与交流为设计点，探索与设计点相关的符号形式。

其次，产品的形态和功能是相互统一的，很多传统形态已经无法承载现代产品的功能。因此，在设计产品时，要打破传统形式的束缚，在不改变传统文化精髓的前提下，融入现代社会流行的时尚元素，创造新的传统符号形式，这才是传统符号应用的精髓。

最后，作为中国的元素，应该是中国特有的，能被认出来，能被记住，让人一看就知道是中国设计。在经济全球化和文化一体化的背景下，产品设计要想在国际竞争中脱颖而出，就必须体现本土化的特色和创新，让全世界了解和接受中国文化，同时又要保留文化的精髓，用现代的方法不断创新。

二、中国传统文化符号在产品设计中的情感表达

在现代生活中，人们对产品的需求不再满足于功能，更加趋向于产品对于自身情感的满足，因此如何将民族传统文化及地域特性融入设计当中，成为设计界关注的焦点，同时也能为设计师带来新的灵感。

（一）中国传统文化符号的提炼与再设计

1.“符号”的定义

符号的“能指”和“所指”构成了事物的形式和内容。符号存在着无限差异性，且符号具有不稳定性。符号所指是事物意义或者情感表达的形式。

2. 中国传统文化符号中“意”的延续

“意”一直是中华民族自古以来艺术家们所追求的，也是最能体现中国传统文化的精髓，而在符号学中“意”即符号的“所指”，在很多艺术创作作品中，虽看不出元素其“形”却能心领神会其“意”，这些都与符号的情感表达有关。比如中国的水墨画和毛笔字，便是对中国传统文化“精”“气”“神”的完美诠释。

在中国，将中国传统文化符号融入设计的现象并不少见，但文化与产品的结合还存在很多问题。比如文化符号的运用大多流于形式，与产品的结合找不到契合点，太牵强。很多将传统文化与产品相结合的设计出现在学生的概念设计或竞赛题目中，最终产品商业化成熟度较低。其次，缺乏系统的理论方法支撑，对文化进行“拿来主义”。此外，指导设计实践的设计理论观点也缺乏多样性。虽然我们已经意识到传统文化在设计中的地位和作用，但是如何看待和评价传统文化的产品设计，标准过于单一。在文化日益多元化的今天，大多数设计师和消费群体仍然以现代主义的功能性来衡量设计的好坏。

3. 运用设计符号学原理体现中国“意”的情感表达

设计符号有三种类型：图形设计符号、指示性设计符号和象征性设计符号。图形设计符号细分为抽象图形符号、模拟图形符号和再现图形符号。形象符号以物化的形式传达其意义；设计指示性符号往往能让人清楚地理解其意图；象征符号指的是密切相关的事物。通常，传承文化或文化阐释是象征符号表达过程中的必要条件。

符号揭示了不同事物之间的相互关系，而符号学侧重于研究符号所传达的意义，设计符号学的理论对设计实践具有指导作用。设计师以一种新的形式向符号接受者展示文化，让受众通过对新符号的回答来理解他们的感受或意义。同时，作为设计师，也可以运用逆向思维创作设计作品。对于一个表达传统文化的产品设计来说，产品本身的造型符号就是设计作品的显性意义，而隐性意义则在设计中传达了设计师自己对文化的理解。目标用户通过产品设计中传达的文化氛围，与自己对文化的理解产生情感共鸣，从而为民族传统文化的博大精深而感到自豪。

（二）传统文化符号在产品设计中运用

产品设计的符号学理论是对设计中原有的符号进行解码和重构，要表达的文化内涵是产品符号学中的产品语义，即通过经验或思考，得出造型形式与意义的关系。将意义分为操作性内容、创造性内容、社会性语言内容、生态性内容四个内容。操作内容是产品语义中最基础的内容，也就是产品的使用方式，是人与器物的交互关系。创意内容就是将传统文化与产品相结合，对于产品来说，不仅仅是文化的传递和功能的使用，更是设计、生产和消费之间的关联。社交语言内容是指人们相互交流时使用的器物的特殊用途以及与用户的关系。在产品设计中，被赋予传统文化的产品成为一种特殊的语言符号，在人与人之间的情感交流中起到桥梁作用。生态内容是建立物质和文化符号的合理性，以及由物质支撑的生命和文化传承的合理性，从而使人造物体具有意义和活力。

在产品设计中，传统文化不仅是设计创作的灵感来源，也是通过一种新的语言形式对传统文化的诠释，通过传统文化元素激起设计师和使用者对中国传统文化的情感共鸣。

（三）太极符号的“形与意”在产品设计中的情感表达

太极文化不仅蕴含着深刻的哲学道理，也象征着中华民族“和”的精神。在产品设计中使用太极文化作为元素是很常见的，但如何在设计中避免“拿来主义”，需要一套科学的理论方法来支撑。在产品设计中，基于用户记忆和个人体验的物品联想很容易引起用户的情感共鸣。目标用户对产品设计所传达的文化内涵的解读，与用户的个体人格特征、成长经历、知识背景有关。

三、传统文化形态语义在产品设计中的运用

（一）形态语义学

语义学即探索研究语言意义的学科，是以符号学为基础，借用语言学中的语义学概念。形态语义学属于非文字语言的情感符号系统，其形态语言具备表达信息和传递思想的功能特征，它基于人的感知体系，从外部认知事物的内涵特征，包括内在本质的含义与外部特征的关系，在表达过程中具有逻辑推理性和秩序统一性，其解读方法既服从社会习惯，又受普遍认知规律的制约。传统文化不是凭空存在的，任何生命体的创造首先要有形态的物质基本要素。通过人类文明的发展史——石器时代，青铜时代，铁器时代到现代文明开端的蒸汽、电气时代，及至今日的信息时代，可以看出人造物始终伴随着社会进步，是社会文明的评价标准。起决定力量的科学技术对物质文明和文化发展产生了极大的影响，为形态语言的发展奠定了基础。生产技术的革新使人类对自然的控制能力增强的同时也改变着物质需求标准，生活质量的提高与经济的快速增长进一步促进了精神文明的发展，此时人造物的需求不仅是为了提供使用功能，更多地成为精神层面的延续，一种文化的载体和象征。苏珊·朗格认为艺术是人类情感符号形式的创造，形式语言的艺术表现便是精神情感的创造性活动，并区别于其他艺术活动。

（二）传统文化形态语义

在我国传统文化中，对于生活艺术的趣味培养渊源已久，对感性生活的追求在历代文人身上都可以看到执着的坚守，并在他们的影响下各具特色，反映了在传统哲学思想熏陶下的古代文人，对仁义礼信高尚品格的追求。明式家具做工精致，形式简洁，体现了造型洗练、形象浑厚、风格典雅的艺术特点。意义丰富且形态富有变化，通过对文字艺术的完美运用，显示出深厚的文化底蕴和卓越的审美品位。

美的目的是达到心理与视觉的平衡。在对历史文化的继承中，人们将对环境的理解抽象成为丰富的形式图案，寄托在居住环境的方方面面。例如，传统建筑中将固定屋檐瓦片的石雕刻画成仙人、走兽的题材，满足使用功能的同时还有驱邪镇宅、保护住宅的寓意；园林景观的门廊被设计成“瓶”的形状，不仅生动美观，还带有“出入平安”的祝福寓意；保护住宅隐私的影壁上，装饰有意味“长寿多福”的龟纹，等等。时光倒退千百年，生活在没有现代科学技术

支持的古人，沿承历史传统，将对自然现象的敬畏和对美好生活的期望，通过联想、双关等抽象方法对自然元素进行精炼、提取，并附加在日常事务上，经过反复的实践经验积累，完成人们对形式美的认知过程。这一活动不仅让物摆脱了单调与乏味，也与使用者之间建立情感联系，产生思想共鸣。

（三）产品设计语义

产品语义学以研究设计对象的含义、符号象征以及使用的文化环境、社会心理等为学科任务，认为制造物不仅要具有特定的物理机能，同时还应该能够向使用者揭示或暗示操作流程，甚至构成一定的象征意义，从而自然融入生活环境中去。当新技术发展对功能表达的限制日趋减弱的时候，市场和消费者对多样性的期望，使以物为中心的“形式追随功能”传统单向设计模式，向以用户为中心的“人机情感”互动模式转移。一个好的产品，不仅有明确的功能意义表达，同时是象征意义与情感的输出。在产品的语义表达中需要考虑的是使用者认知行为的物理与情感需要，而不是拘泥于内在结构对外形表述的限制。产品语义学研究的是产品自身的一些符号，以及这些符号的表达方式。从认识论角度解释，人们认识事物总是先由外部开始，通过对事物表象的感觉、知觉到实践活动，再上升到概念认识来完成对事物的理解。产品通过其外在形态，如色彩、材料、质感、图形等来强化产品的符号特征，从本质与特征来看，这与设计艺术形态语义本身的含义是一致的。

（四）传统文化形态语义在产品设计中的运用

产品设计是时代的艺术，在产品设计活动中存在设计者、设计对象以及使用者三个部分。传统文化的形态语义是对文化遗产的抽象概括，与设计活动相辅相成，构成反映某一时段人文面貌的人造物形态。运用在现代产品设计中的传统文化，必须符合当下的认知模式和使用语境。首先是认知共识，与使用者建立共同的认识基础，包括感性经验认识与理性经验认识，以及社会经验认识。通过了解使用者的感知觉模式、审美趋向等内容，分析使用者的感性认知经验，形态感知语言的思想交流性会让使用者产生立体空间、运动知觉的感受，同时也会形成愉悦、痛苦、忧郁等情绪性反应。使用者在操作技术、知识等方面的积累则决定了其理性层面的认知方式。社会文化背景差异对语义传达同样具有决定性影响。社会伦理情感语言包括对文化历史风格的承袭与怀旧，对生存环境的危机意识，道德理念与自身荣誉感。在充分了解文化原形的艺术特征之后，对其内涵做出分类归纳，再与生活使用环境做契合对比，以产品设计形式美原则为依据，抓取文化原形中的艺术精髓在设计活动中采用描摹与结构等艺术语义修辞手法，如“仿拟”“联想及象征”“比喻”“借代”等，将传统文化融合到现代产品功能形态中，为其寻求新的价值观和审美体验。

随着世界交流日益频繁，不可避免的全球化浪潮向传统文明的个性化特征袭来，商品时代的快节奏消费也冲击着基础的文化土壤。我国的传统文化元素资源丰富，却大多因缺乏有效合理的开发利用而濒临消亡。存在于生活中的才最深入人心，让传统文化通过设计活动走进人们的日常生活，用活动的市场给传统文化带来新鲜血液，才能延续文化的生命力。

第四节 产品设计中色彩的运用

一、产品设计中色彩的运用及规律

在工作、学习和生活中，色彩与我们生活的密切程度几乎是密不可分的。任何事物都离不开色彩，这在很大程度上反映了色彩在日常生活中的重要作用。事实上，没有人能生活在无色的世界里。色彩让世界多姿多彩。它可以改变世界的情绪，影响人们对某些事情的看法。

（一）色彩的象征特性

色彩的本质对人的心理和生理有多重影响。这种影响似乎已经成为一种普遍的约定俗成，同时也被赋予了一定的意义和联想。下面介绍一下各种颜色所代表的含义：

暖色系：红色象征活泼、积极、热情、新的开始等。橙色象征健康、活力、温暖、积极等。黄色象征着轻盈、光辉、明亮、希望等。

冷色系：绿色象征自然、和平、理想、活力等。蓝色象征安静、优雅、忧郁、理智等。紫色象征着高贵、神秘、神话、刺激等。

中性色系：白色象征纯洁、优雅、神圣、庄重等。黑色象征着尊严、优雅、严肃等。灰色象征着中立、真诚、包容等。

心理学家在研究人们对颜色的感知时，也注意到一种颜色通常包含不止一种象征意义，不同的人会对同一种颜色做出不同的解读。不同的年龄、性别、职业、社会文化和教育背景，这些都会使人们对同一种颜色产生不同的联想，但颜色的寓意和象征意义是不变的。

（二）色彩的运用

色彩涉及很多知识，包括美学、光学、消费心理学。心理学家近年来提出了许多关于颜色与人类心理关系的理论。他们指出，每种颜色都有一定的象征意义。当视觉接触到某种颜色时，大脑神经会接收到颜色释放的信号，并立即联想。有经验的设计师往往能巧妙地利用色彩来引起人们的心理联想和视觉冲击，从而达到表达自己的设计理念和推销商品的目的。

1. 简约色设计

用单一色彩或简单色彩（一般不超过三组色彩）进行设计，可以很容易地在色彩上把握整体问题，使产品的形象更加鲜明，使产品具有强烈的视觉冲击力和品牌表现力。

在简单色彩的设计中，需要注意以下几个问题：①如何将产品的属性与自己的创作思路紧密结合，正确选择色调和色彩系列；②如何根据设计理念和产品属性确定色彩布局和色彩形态；③打破固有色彩的观念，大胆创新，注重色彩的识别和独特的品牌感。

2. 协调色的设计

色彩可分为三大色系，即暖色系、冷色系和中性色系，各色系之间的色彩搭配可称为和谐色彩的色彩设计。由于色彩感知的连续性，和谐的色彩往往给人一种赏心悦目、和谐柔和的感觉，因此被广泛应用于产品色彩设计中。

在协调色彩的设计中，要注意以下几个问题：①要控制协调色彩之间的对比技巧；②在明度和纯度上多下功夫，善用中性色的协调和过渡，达到承上启下、媚而不俗、柔而不惧的功效。

3. 对比色的设计

在对比色的设计中，最常见的是冷色和暖色的对比，以引起人 们视觉的兴奋，产生刺激、清新、活泼、生动的视觉印象。在色彩对比关系中，根据色彩的物理性质，有色相对比、明度对比、纯度对比等不同的对比方法。

在对比色的设计中，要注意以下几个问题：①尽量利用对比的关系来处理色彩，把握色彩的主色调，使主色调与产品属性和创作思路相匹配；②在增加色彩因素的情况下，要保持设计元素的有序性和完整性。

自从电脑绘图软件出现后，电脑就成为设计师最忠实的伙伴。看着设计师的双手在键盘上快速跳跃，电脑屏幕上的设计瞬间变化，场景美轮美奂。毫无疑问，电脑绘图软件使设计工作变得更快更方便，设计师可以迅速将心中所想具体化，可以做出各种效果，设计师可以发挥的空间也相应增加。

（三）色彩的规律性

产品色彩设计的规律性是一种动态的规律性。一方面，它来自社会生活的习俗和传统以及地域文化的特点；另一方面，它随着社会生活的发展而不断发展变化。

一般来说，设计师会对需要色彩设计的产品进行分类，比如电子、体育、旅游纪念品、文具、儿童用品等，然后设计搭配产品的颜色。这种分类方法是有参考价值的，因为人们在一定程度上无法脱离商品固有的色彩观念，所以设计师也可以在不打破上述色彩应用习惯和趋势的前提下，仅在色彩搭配上进行适当的改变或修正。但设计过程中必须考虑选择合适的色彩系列，并有效传达企业的品牌精神，准确表达商品的形象特征。

除了遵循一定的原则，还要考虑色彩的共性和个性，甚至还要考虑产品设计的独特性和理念。设计师不仅要考虑产品的商业目的，还要考虑流行色的运用，以及色彩的独特性和醒目性。流行色的应用不仅是为了提高人们对产品的关注度，也是为了把握流行的设计潮流，让大多数人在这个时期被深深吸引和接受。

二、产品设计中色彩的表现与运用

工业产品的形式美是由造型、色彩、图案等多方面的因素组成的，在众多因素中，色彩居于举足轻重的地位，它相当于给产品穿上了华丽的外衣，在第一时间引起消费者的注意，并能给人留下深刻的印象。而产品的色彩设计也是决定着产品能否吸引顾客，能否为人们所喜爱的一个重要因素。根据有关的测试表明：人们一开始看物体时，色彩感觉的分量占80%，形体占20%，这种状态持续二十秒之后，色彩占的比例渐渐降低，两分钟后，占60%，五分钟后，颜色和形状各占50%，之后，这种状态会持续下去。因为色彩具有这种积极的、吸引人的感染力，可以影响人在造型前的情感变化，所以工业产品的色彩设计具有重要的现实意义。

（一）工业产品的色彩设计需要满足产品的功能要求

色彩与产品形态、结构、功能要求和谐统一。比如消防车用红色作为主色调，这是因为红色让人联想到火。红色有很好的醒目和远视效果，有利于消防车行驶畅通无阻。同时，红色可以振奋人的精神，激发人的斗志。可见，红色被消防车充分发挥其功能。家用空调、冰箱等以降温保鲜为功能的工业产品，应采用清淡明亮的冷色；卫生用具和医疗器械是浅色的；军品采用伪装色和利于隐藏自己、欺骗敌人的绿色，都是将产品的功能特性与颜色的功能作用相结合的结果。

（二）工业产品的色彩设计需要满足环境的要求

在设计色彩时，要注意产品的使用环境，选择合适的色彩。就地理条件而言，暖色对于一般在寒冷条件下工作的产品更好，以增强人的心理温暖和亲近感。相反，在热带环境中工作的产品应该使用冷色来中和气氛，使操作者感到平静。另外，设备安装的地方不同，颜色也要不同。在黑暗的地方，应使用明度较高的亮色，温度较高的车间可使用冷色，增加凉爽感，而温度较低的车间应使用暖色，获得温暖感。只有使产品色彩与照明环境相协调，才能获得预期的色彩效果，充分发挥色彩的功能。

（三）工业产品的色彩与材质的关系

色彩在产品设计中非常重要。产品的色彩并不是单独存在的，而是与材料和表面处理一起形成一个完整的色彩，这就使色彩与设计的相关性就像穿上不同质地和颜色的衣服来表达不同的气质。同样的配色用在不同的材质上，经过不同的表面处理会呈现出不同的效果。色彩在不同材质上的感受效果是完全不同的，这也是产品设计中的色彩应用与其他设计的最大区别。产品的颜色和材料相互影响。很多经典的设计没有复杂的配色，而是更好地把握了材质，简约而不简单。

（四）工业产品的色彩与人的关系

据资料研究，人们在10米范围内，如果视力不差的话，大概能看到产品的形状和细节，而在这个范围之外，往往是色彩主导了人们的印象，所以色彩给人留下的印象更深更长，能影响人们对产品的感受。同时色彩对人们的心理有很大的引导作用，能引起人们的共鸣，提升购买欲望或偏好。然而，人们对色彩的使用也存在局限性和传统，我们要充分运用这种局限性，针对不同用途的产品和不同适用人群的产品去定义产品色彩的方向，使人们能通过视觉直接感受到设计的意图，从而更好地体现产品的性质。

（五）工业产品的色彩设计要符合美学法则

工业产品造型的美学原则主要包括：统一与变化、和谐与对比、平衡与稳定、节奏与韵律、主从与重点、过渡与呼应、类比与联想，等等。这些美学原则同样适用于色彩设计，必须灵活运用。

统一变化的规律是使色彩整体协调，使设备从造型到色彩都有整体感。另外，为了增加色彩的变化，丰富成型物体的色彩活力，需要有统一性的变化，在不破坏其整体效果的前提下，允许在色彩上做一些适当的变化，使产品显得生动活泼。产品的色彩平衡感是由造型时感觉的轻重、大小、质感、配色的力度决定的，影响色彩区域的大小，形成各种平衡。工业品会用跳跃的色彩来强调重要的部分。为了弥补单一色调，可以将某一种颜色作为重点，从而使整体感觉活跃（或紧张）。色彩的节奏是有序地保持连续平衡的区间，也就是说色彩有规则的层次关系。产品的配色不能太暗淡或太冷太硬，要注意根据层次和节奏来分配色彩。

（六）工业产品的色彩设计与企业形象的一致性

产品的设计必须考虑到品牌的标准色，做到只看产品的造型、色彩，不看 logo 就能知道是哪家公司的产品。将企业独有的色彩搭配运用在产品设计上是一个有效的宣传技巧，色彩给人以心理倾向被运用在越来越多的产品中，它能给人以不同的心理暗示，阐释不同的设计理念和品牌形象。可以说，形态是产品设计的灵魂，产品的色彩是设计的血液，所以产品的色彩首先要符合其品牌本身的特点，同时也要符合企业宣传的需要。

三、产品设计中色彩心理和情感的运用

任何产品设计都离不开色彩，其运用的好坏将左右产品的品位和销售以及人们的消费欲望。现代产品运用色彩来装饰外观，往往有增强产品形象的感染力，加强识别记忆，影响消费心理和传达一定意义的作用。色彩的搭配，以不同的形式和不同的程度影响人们的情感因素。不同的色彩主题搭配不同的造型及面料，也常使人们对其产生复杂的感情，从而吸引人们的注意力，支配人们的心理活动。

（一）情感在产品设计中的含义

情感在心理学中是指人对周围和自身以及对自己行为的态度，它是人对客观事物的一种特殊反映形式，是主体对外界刺激给予肯定或否定的心理反应，也是对客观事物是否符合自己需求的态度和体验。

心理学家近年提出许多色彩与人类心理关系的理论。他们指出每一种色彩都具有象征意义，当视觉接触到某种颜色，大脑神经便会接收色彩发送的信号，即时产生联想，例如，红色象征热情，于是看见红色便令人心情兴奋；蓝色象征理智，看见蓝色便使人冷静下来。经验丰富的设计师，往往能运用色彩，让人在心理上产生联想，从而达到最佳设计的目的。

（二）设计色彩需要情感魅力

当人们看到某一具有色彩的物体时，色彩作为一种刺激，能使人们产生各种各样的感情，这是人所共知的现象。顾客从来不会挑选他们不喜欢的产品，在中国，中秋节、春节的礼品盒的色彩大都以红色、黄色、金银色为主色，以体现喜庆、吉利、快乐、团圆、红红火火。黑底白色虽然做到了醒目又易认，但在这些节庆的特殊日子里，却不能引起消费者的好感，这样设计就会失去促销的功能。英国的一项市场调查表明，家庭主妇到超级市场购物时，由于精美包装的吸引而购买的商品通常超过预算的 45% 左右，足见设计色彩的魅力之大。不同商品有不同的消费人群，面对不同的商品、不同的消费人群，既要创造出有魅力的商品视觉形象，又能选择使消费者心理愉悦的色彩，是设计对色彩选择的特殊要求。

（三）设计中的心理因素

产品的形状和颜色都是对消费者的视觉刺激，这些刺激必须具有一定的新颖的形象特征才能吸引消费者的注意。设计师要引人注目并不是太难的事情，但做到与众不同，体现产品的文化内涵和现代消费时尚才是设计过程中最重要的。成功的产品不仅能引起消费者的情绪和联想，还能让消费者“过目不忘”。心理学认为，记忆是人们对过去经历过的事情的再现，记忆是心理认知过程中的重要环节。基本过程包括记忆、保持、回忆和识别，其中，记忆和保持是前提，记忆和识别是结果。只有记忆牢固，才能实现记忆和识别。因此，产品设计要想被消费者记住，就必须体现产品鲜明的个性特征和简洁的形象，同时要体现产品的文化特征和现代消费时尚，让消费者永远记住。以前的设计可能更多的和设计师的“灵机一动”有关，现在的设计分工更明确，设计流程更科学。同时，人机工程学、语义学、认知心理学、色彩学、功能主义、控制论、系统论等学科的成熟也为设计获得满意的解决方案提供了保障和支持。

（四）色彩在设计实践中运用

设计色彩在现代生活中被广泛应用，它给我们的生活带来了生机和活力，使生活更加有趣和丰富。

设计色彩是平面设计中非常重要且富有魅力的艺术语言。在它的帮助下，可以在二维平面空间中创造出惊人的视觉真实感和独特的视觉效果。

在商品包装的设计元素中，色彩的冲击力最强，因为它首先吸引消费者的注意力，赋予商品包装特定的内涵和外观。因此，设计师应根据从自然色彩中获得的深刻感受和消费者的情感需求，将设计理念融入作品中，运用不同的设计手法和技巧，充分发挥色彩的艺术感染力，从而更好地表达设计作品的主题。就一种食品的包装而言，它首先带给消费者的是第一视觉和心理感受——味觉，它直接影响产品的销售市场。我们在设计它的包装时，要用各种方式表现出来，使其形状和色彩相呼应，使食品的表现效果更加生动，更有吸引力，能迅速抓住消费者的眼球，使人感到包装中的食品新鲜可口，产生立即购买的冲动。现在很多方便面都是这样包装的，来丰富其性能，更好地吸引消费者。

设计色彩也是广告设计成功的重要因素。人们首先在广告屏幕上看到颜色，然后是图形和文字。因此，受众在观看广告时，广告中的鲜艳色彩很容易给人一种忽冷忽热的感觉，会直接将受众的感受带入一种意境，使人对广告产品产生好感。比如空调广告在画面中营造出一个凉爽的空间，让人在炎热的夏天也想拥有一个凉爽的空间。此外，设计色彩还运用在书籍装帧、插画、logo 等方面，影响着设计与消费者的沟通。

设计色彩在环境空间中的应用也非常广泛。我们的环境空间离不开设计色彩的规划，合理的设计色彩规划会为我们的环境空间营造出和谐的视觉氛围。比如在公共娱乐场所，要让人感受到欢快、温暖的色彩氛围，其色调设计不能让人感到压抑和悲伤，要大胆使用对比色来表达。

在其他方面，无论是影视艺术还是戏剧艺术都与设计色彩有关，设计色彩直接影响观众的心理，观众的视觉要求也会影响设计色彩的发展。

第五节 产品设计中传统艺术的应用

一、产品设计的传统美学

不管是从产品语义学还是符号学的审美角度出发，产品的呈现无疑是展示物化美的一种方式和媒介。而产品设计不只是现代化的产物，其实自古以来，从曲辕犁到汽车，都可以被界定为产品设计，而美学在其中占了不可或缺的位置。

（一）美与物相宜

一材有一材之用，一物有一物之性。物性不仅决定了所造之物的功能和安全性、使用寿命等问题，还通过物化的产物展示了造型美、形态美、符号美。以物为美，是阐释美的最好方式。道家一直主张顺应自然之性，其中就包括重视事物，材料的搭配也必须体现适合物性的原则。材质是除了外形造型之外，对产品之美最直观、最快捷的定位，它展现的是产品的品质，或者说是设计师的设计审美角度。至少你不能破坏物理性质适当的原则，否则你会破坏材料之美的原始体现元素。依靠这些知识，从古代的工匠到今天的产品设计大师，产品的材料之美是通过物化表现出来的，是美与物的适配性。

（二）美与人相宜

造物设计的根本目的是适合人，服务于人。如果违背了这些原则，一切设计不仅失去了美的价值，也失去了设计的初衷。人的生理极限、生理结构、生理差异、心理活动、性格特征都是设计师需要考虑的因素，不可忽视。用户的条件是否与设计作品相匹配，适用人群，解决什么样的问题，这个设计的意义和目的，是否能为所有人解决一个问题，或为少数人解决大部分问题，这些都是产品设计师必须考虑的问题。自古以来，发明创造都是带着解决问题的心态，但这是机械设计中要更多考虑的问题，以达到功能的目的。对于工业造型这门学科来说，形状因素不仅是定义美的唯一因素，它的结构是否适合人们使用，它的存在是否最大限度地解决了问题，也成为工业设计师需要考虑的因素。但这些都是隐喻性的美，它的美不是直观的视觉冲击，而是以使用为平台，使用后给人带来精神愉悦的美。这种美是通过设计体现的，是发自内心的。

（三）美与时相宜

中国自古以来就是一个农业大国，无论是为农业服务，还是为工业服务，其原则从未脱离以人为本。长期以来，手工业在中国是作为副业存在的。手工制品的季节性变化在很大程度上直接影响了农耕生活，而这些也影响了工业设计的设计理念，从而成为设计的限制性条件。比如季节限制，需要考虑其材质，以及人们的使用时间等。这些都是时间造成的限制因素。在某种程度上，时间也必须满足客观需要，这才是真正的与美和谐。

（四）美与礼相宜

正所谓心灵则手巧，在中国，礼仪是传统美德的体现，礼仪是一种发自内心的修养，而不是一种表面的行为，要求人的美是发自内心的。同样重要的是礼仪的约束力，在中国的传统观念中，这也体现在生活的每一个细节中，每一个细微的设计元素其实都在呼应礼仪。设计师不应该因为有旧传统就觉得设计被传统卡住了，而应该结合新生力量，考虑旧因素，找出既有历史感又有时代感的新设计元素，从而在道德美的层面上体现设计之美。

（五）美与文质相宜

中庸之道一直是中国人推崇的生存之道，自古就讲究文质平衡，文与质的争论一直不休止。究竟是质胜文则野，还是文胜质则史，就是内容与形式的孰轻孰重，换言之就是装饰与功能的矛盾关系，这和现代主义与后现代主义的火花一样，其实没有孰是孰非，只是看选择者态度和喜好。在传统观念的指导下，一个工业设计师的设计更需要造型和功能兼备。在了解结构工程师工作的基础上，我们上升到造型美的认知，使产品不仅仅是时代快餐的产物，而是从具体的物质中体现出抽象的无形之美。一般来说，质量是设计产品不可或缺的体现。

古往今来，产品设计师都要承担时代的重任，既不能落后于时代的潮流，也不能忘记顺应客观的传统，很多约束在这其中都变成了无形的约束。从对美的认知角度出发的发散性思维，转化为对一个产品的形态定位，进而开发出一个产品，让产品成为解释美的媒介，让人们通过它体验美的语言。设计体现的美不仅仅是视觉上的冲击。对于产品设计来说，真正实现的美是产品使用带来的愉悦，比如产品带来的便利，产品解决的问题，产品在环境中起到的作用，这些都是产品体现美的方式。这些方式可能不是外观带来的美感单方面决定的，还有使用带来的连锁因素，从而在产品中体现设计之美。这和绘画艺术很不一样。美学的最终目的是带给人美的享受，而产品设计是和人一起体验，从人那里反馈，帮助人获得快乐心灵的美，是通过体验来享受美。

二、传统艺术在产品设计中的应用

近年来，中国传统文化艺术形式以其独特的艺术魅力和丰富的人文底蕴吸引了国内外众多艺术家、设计师和普通民众的关注，在全球范围内掀起了一股“中国风”热潮。这一热潮无疑是加速中国从“中国制造”向“中国设计”转变的难得机遇，而如何将中国传统文化艺术形式有机融入产品设计，形成具有民族特色的设计风格，是把握这一机遇的关键。剪纸艺术是中国典型的传统艺术形式，具有独特的艺术个性和醇厚的民间文化，对产品设计中的应用和创新方式方法具有很高的借鉴意义。

（一）剪纸的艺术与文化特征

剪纸，又称纸刻、窗花等，是一种镂空艺术，因其取材低廉、制作简单、装饰性和适应性强，在我国民间尤其是农村流传广泛、经久不衰。剪纸的主要创作群体是农村家庭主妇，她们以独特的方式表达了社会底层人们对现实生活的感知和对美好生活的向往。

1. 剪纸的艺术特征

剪纸在我国分布很广，大致可以分为南北两种风格，两者在差异之外又表现出较大的共性，具有诸多相似的艺术特征。

（1）色彩特征

剪纸艺术因为材质、制作工艺等原因，很难运用色彩渐变、明暗对比，所以剪纸作品以单色为主，同时剪纸作品主要是关于象征美好、幸福、吉祥的题材，所以在色彩上更喜欢红色、黄色等暖色。有些彩色剪纸大胆选择对比色，通过冷暖色的强烈视觉和心理刺激，营造或增强喜庆热闹的气氛，具有典型的民间艺术色彩搭配特征。

（2）构图特征

剪纸不善于表现多层次的色彩、明暗，也难以体现物体的体积、场景的深度等空间感。因此，创作者往往打破时间、空间、比例的限制，根据个人的生活经验、创作经验和艺术本质，将现实世界的复杂形态以抽象、夸张的形式放在二维平面上，通过主次意象、虚实、疏密、聚散、对称、平衡等形式规则，构建出奇妙的节奏和韵律，从而增强了意象的感染力，形成独特的构图形式。

（3）造型特征

与西方传统追求写实的艺术风格相反，我国传统艺术在造型上往往不求形似但求神似，所谓“意到笔不到”，注重对物象神韵的传达。剪纸艺术更注重其魅力的传达，因为它不善于现实地表现创作对象。为了达到这一目的，剪纸艺术往往由表及里对材料进行抽象，以轮廓为基本造型框架，以装饰性的点、线、面为基本造型语言，以夸张、变形、抽象为基本造型手段，从而形成独特的造型手法。

2. 剪纸的文化特征

剪纸在历史发展过程中并不是简单的以艺术的形式存在。剪纸产生于物质贫乏、技术落后的农耕社会。当时，人们遇到天灾人祸和无法理解或解决的疾病时，往往会向神灵求助。剪纸是占卜、祭祀、祝福甚至诅咒活动中的重要道具之一。因此，从起源上看，剪纸具有一定的社会和实用功能，是中国古代神秘文化的组成部分。随着社会的发展，剪纸的神秘感逐渐淡化，实用性增强，装饰性和艺术性不断提高，题材类型、表现形式、造型语言和制作技法也越来越成熟，在人们生活中的应用越来越广泛和频繁。剪纸用于祝福或装饰生活，同时也承载着创作者厚重的情感和美好的愿景，使不同时期、不同地域、不同民族的剪纸呈现出不同的精神状态和艺术特征。一般来说，剪纸是以表达幸福生活或憧憬美好未来为主题，惩恶扬善，借助象征、谐音、比喻等手法，创作出寓意美好的作品，在中国吉祥文化中独树一帜。总之，从文化的角度来看，剪纸艺术是中国古代神秘文化和吉祥文化的组成部分，也是一种与民俗活动密切相关、具有浓郁乡土气息的民俗文化。

（二）剪纸艺术在产品设计中的应用

1. 传承性应用——以符号化的形式语言、表现手法以及制作技艺等传承剪纸的艺术和文化特征

剪纸艺术的色彩、构图和造型是现代设计的重要材料，但其应用不能停留在简单的临摹和使用层面，必须将剪纸独特的艺术文化特征转化为具有代表性和典型性的符号元素。比如形式语言、表现手法、制作技法的运用，都可以传达出剪纸独特的艺术魅力和文化内涵。有一个书立设计综合运用了剪纸的象征元素：在色彩上，采用了传统剪纸作品最具代表性的喜庆色彩——红色；构图上，剪纸最常用的构图形式有虚实、大小、高低对比、对称、平衡；典型的技术，如夸张和变形，用于建模。虽然在细节和比例上并不完全忠实于原建筑，但由于突出和强化了原建筑最具个性的造型特征，所以很容易识别。该系列书挡的设计者并没有简单地使用剪纸的某种色彩、图案或造型，而是将剪纸艺术的配色、构图、造型的一般规律转化为符号化的视觉语言，更好地体现了剪纸独特的艺术魅力，但未能表达剪纸的文化特征。

传统剪纸是一种民间艺术，具有浓厚的民俗文化意味。其创作题材多为人、事、物、乡村传说、超自然意象等。剪纸艺术的自然乡土气息有相当一部分来自主题本身，设计师也可以用类似的方式象征剪纸的文化特征。著名设计师刘传凯的“城市－微风”系列作品“上海”以剪纸艺术为媒，将外滩、黄浦江、浦东地标建筑等大家熟悉的上海景观，微缩成一把小折扇。历经沧桑的外滩和黄浦江，在意气风发的现代高楼大厦的映衬下熠熠生辉。传统与现代交织，历史与未来穿梭，给人一种避世的心理体验，也赋予作品浓厚的人文情怀，体现了上海独特的城市文脉。该设计是剪纸艺术文化特征符号化应用的成功案例。

2. 创新性应用——基于现代社会创新剪纸的艺术、文化特征、应用领域以及表现手法等

新旧更替是历史发展的必然趋势，传统艺术只有与先进的经济、文化、科技、理念等因素相互融合才有可能在现代社会中传承下去，产品设计对剪纸艺术的应用也必须结合这些因素不断创新。

（1）创新剪纸的艺术、文化特征

剪纸作为一种主要在民间流传的艺术形式，往往给人一种乡土气息浓厚而不够高雅的感觉。在设计应用中，我们可以通过运用现代的表现形式或通过改变材料、融入现代设计理念来改变这种固有印象，赋予其时尚优雅的新面貌。例如，“上海”创作团队随后将窗花的造型特征融入U盘设计中，以此表达对春天和希望的期待，也表达对传统艺术的尊重，但在设计表现上并不拘泥于传统风格，也运用了点、线、面等造型元素。让产品既有剪纸的传统艺术魅力，又有现代感和设计感。此外，产品以紫檀木为主要材料，利用紫檀木的尊贵地位，提升了产品的品质感和附加值，满足了消费者体现个人身份和生活品位的内在需求。设计中还引入了现代绿色设计理念。该产品的第一阶段计划使用红木家具厂的废弃边角材料，以减少这种稀有材料的浪

费。该设计运用现代设计形式，充分体现了剪纸的传统艺术特色，并融入了现代科技、设计理念等元素，为剪纸艺术增添了高雅的气质和时尚的色彩。

（2）创新剪纸艺术的应用领域

对于剪纸艺术的应用还必须打破惯性思维的壁垒，拓宽应用领域。因为剪纸的主要材料是平面纸张，所以对剪纸的设计应用往往习惯性地局限在二维平面之中，即使在产品设计中也同样如此。但事实上，剪纸艺术完全能够以各种方式运用到三维空间中去。

（3）发掘剪纸艺术中被忽视的元素

剪纸艺术中还有很多具有较高应用价值的表现形式、文化内涵和主题内容没有得到重视，需要进一步挖掘和应用。比如，人们在欣赏剪纸艺术时，往往停留在作品本身，而忽略了作品在光线照射下的投影效果。事实上，光影投射也是剪纸艺术的表现手段之一，它甚至可以产生比剪纸作品本身更吸引人的精彩画面。传统灯笼很好地利用了这一点。现代高度发达的灯光技术足以让投影效果更加华丽和神秘，可以营造出不同的氛围或意境，如果运用得当，会成为设计中的神来之笔。近年来，时尚产品“星空投射灯”借鉴了这种方法，将星星、月亮等图案投射到室内空间，通过旋转变换灯光颜色、明暗，营造出奇幻浪漫的氛围，深受儿童和年轻人的喜爱。而投影钟则将时间投影在建筑物或物体表面，消除了普通钟表的体积感，产生了独特的时空感。这些产品不仅将剪纸艺术的设计和应用从二维平面拓展到三维空间，还探索了剪纸艺术中被忽视的表现手法，并结合现代科技进行创新应用，丰富了剪纸艺术在产品设计中的应用方法。

（三）传统剪纸艺术应用于产品设计的方式

综上所述，剪纸艺术应用于产品设计的途径和方法有很多。直观地运用图案和造型，可以为产品增添一些剪纸艺术的外在特征，但未必能体现其内在的艺术魅力和文化底蕴。要做到这一点，我们必须深入了解剪纸艺术，把握其艺术个性、文化特征、创作技巧、制作工艺等，并为继承或创新设计的应用创造条件。在设计和应用过程中，应根据不同的侧重点采用不同的方式和方法。传承应用需要将剪纸的艺术文化特征浓缩为具有代表性和典型性的象征性形式语言、表现手法和制作技法，以体现剪纸的传统艺术文化特征；创新应用需要结合当前经济、文化、科技、设计理念、表现手法等现代因素，打破惯性思维的藩篱，不断探索创新剪纸的艺术个性、文化内涵和应用领域，赋予剪纸现代、时尚、高雅等新的时代特征和人文内涵，着力于剪纸艺术的创新发展。

第六节　产品设计的发展趋势

在无数的消费品生产领域，新颖的设计已经成为一种主要的市场推广方式。为了刺激消费，必须不断翻新和推出新的时尚。随着科学技术的发展和生活水平的提高，产品设计的发展越来越受到重视。虽然可能有很多产品设计形式不会被接受，但人们对它还是抱有无限的遐想。我们需要在现有产品的基础上不断探索未知和创新，寻找新的设计语言和理论，并不断了解当前的产品设计趋势和潮流，这样才能逐步完善产品的设计。

一、产品的绿色设计

（一）绿色设计的背景

众所周知，传统的设计以提高企业或公司的经济效益为目的，很少考虑到产品在生产和使用过程中对周围环境造成的污染和危害。环境日益恶化，日益严重的生态危机迫使人类加强环境保护，以保证人类生活和经济的可持续发展。在这种严峻的生态环境压力和迫切的要求下，绿色设计应运而生。绿色设计观念主要可分为：目标层（以设计出绿色产品为总目标），内容层（包括产品环境性能、材料选择和资源性能的设计），主要阶段层（实现产品由生产到使用再到回收处理过程等产品生命周期各阶段），设计因素层（设计过程应考虑的主要因素，包括时间、成本、材料、能量和环境影响等）。当前，绿色设计作为现代设计方法的一员已经成为当代产品设计领域的一个研究热点。

（二）绿色设计的发展

自全球生态失衡，人类生存问题逐步引起全球范围的强烈重视以来，绿色设计也在一定程度上得到了发展。总的来说，产品的绿色设计主要经历了以下几个发展阶段：工艺改变过程（减少对环境有害的工艺，减少废水、废气、废渣的排放）；废弃物的回收再利用（提高产品的可拆卸性能）；改造产品（改变产品材料、结构等，使产品易拆、易换、易维修，降低能耗）；对环境无害的绿色产品设计。

绿色设计涉及面广，也是当今设计领域的国际流行趋势。在产品的设计上，我们提倡尽量减少有毒材料的使用，甚至不使用，而是用无污染、环保的材料代替，提倡废物回收利用，提倡节能减排。目前在中国，绿色设计作为一种新的设计理念，在理论上还不是很成熟。然而，绿色设计作为一种新的设计趋势，必将成为未来产品设计发展的主要方向之一。

二、产品的人性化设计

（一）人性化设计的定义及发展

人性化指的是厂家在设计产品时力求从人体工程学、生态学和美学等角度达到完美，从而真正实现科技以人为本的目的。人性化设计是指在设计过程中，根据人的行为习惯、人体的生理结构、人的心理情况、人的思维方式等，对人们衣、食、住、行以及一切生活、生产活动的综合分析，在设计中表现出对人的心理生理需求和精神追求的尊重和满足，是设计中的人文关怀，是对人性的尊重。

如今，社会的发展向工业和信息社会过渡，重视“以人为本”，为人服务。人体工程学强调从人的自身出发，在以人为主体的基础上研究人的一切生活、生产活动，从中综合分析得出新想法和新思路，在产品设计方面着重“以人为本”。

（二）人性化设计的本质及其应用

无论在何种时代，人类的设计总是体现了一定时期人们的审美意识、价值取向、生活需求和情感欲望等因素。人性化的设计观念强调把人的因素放在第一位，强调人与产品、环境及社会之间互利共生的关系，从设计的目的来理解设计的含义，更深层次地认识人类文明和进步的主要因素，使设计更富含人文关怀。如何评判设计的好与坏呢？在技术水平、市场需求、价值取向等诸多条件均在不断变化的今天，其实也很难有个评判标准，但是人性化设计中对人的关注将永远不会变。

设计的人性化贯穿各种产品的设计中；设计也是有生命的，它蕴含在各类产品的设计和生产以及使用过程中。人性化设计的目的就是优化人类的生存环境，使产品更方便人类生活和使用。信息时代，随着科学技术的飞速进步和发展，人性化设计将会越来越显示出其重要意义。

三、产品的个性化设计

产品的个性化设计体现了对自我价值的理解和自我定位。无论如何，个性化设计的对象是产品和商品，它必须进入市场。随着竞争的日益激烈，产品的使用寿命越来越短，导致产品的个性特征和对消费者心理特征的深入了解被放在产品设计的首位。今天，现代设计已经渗透到社会的各个层面，从随身听耳机的设计到鸟巢体育场的设计，都包含着人们的创意设计活动。设计和生产的目的是满足人们的需求，使人们的生活更加舒适和方便，而个性化设计强调在产品的功能、造型、色彩和质感方面进行创新设计，适应人们的个体需求，为客户解决各种问题。

产品的个性化设计不同于产品设计中的其他设计方法，因为它具有强烈的个性，能够给消费者留下深刻的印象，使消费者能够通过产品的外观来识别不同的品牌，从而联想到企业形象领域，这不仅在一定程度上满足了人们的精神文化需求，也改变了我们的生活方式。这种设计方法在把握当前社会经济语境和科技条件的基础上，大胆突破旧的框架，以全新的理念从整体出发，为消费者开辟产品设计的新领域。正因为如此，产品的个性化设计才能真正立足于人们的生活需求，以鲜明的设计，以统一的风格突出产品形象，从而做出具有市场竞争力的设计，也正因为如此，产品的个性化设计将是未来主流的产品设计方式之一。

四、基于软件建模的产品虚拟现实设计

在计算机出现之前，人们只能在脑海中想象要设计的产品或者用笔画出来，这在很大程度上禁锢了设计师的思维，扼杀了很多好的创意。计算机出现以来，各种建模软件的普及，尤其是3DMAX、Rhino、PRO/Engineer等3D软件的普及，彻底解放了产品设计行业中设计师的思路，以前的很多想法现在都变成了可能。如今，计算机辅助设计已经实现了从实体模型到产品模型的转变。在计算机的帮助下，产品设计的过程变得简单，质量和效率更高。随着计算机技术的逐步发展，基于软件建模的产品虚拟设计将加深人们对产品设计的认识，并对人们的设计思维起到指导作用。

时代在进步，人们的生活水平不断提高，产品的外观也日新月异。人的价值取向和不同需求更大程度上主导着产品设计的趋势，新产品要不断取代旧设计。这些新的设计理念必将成为时代发展下设计的必然趋势和最终归宿。所以，符合历史潮流的产品设计，必然会有一个大体固定的趋势，那就是能够满足大众需求的设计。

第三章　产品功能与品质

第一节　产品功能及其设定

一、产品功能的由来

根据产品功能的性质、用途和重要程度，可以将其分为基本功能、辅助功能、使用功能、表现功能、必要功能和多余功能等。

基本功能即主要功能，是指体现该产品用途的必不可少的功能，是产品的基本价值所在。

辅助功能是指基本功能以外附加的功能，也叫二次功能。如手机的基本功能是进行通信，但现在手机为适应消费者的需求，往往都附加了媒体播放、摄像、摄影、游戏等辅助功能。

使用功能是指产品的使用价值或实际用途，通过基本功能和辅助功能反映出来。

表现功能是对产品进行美化、起装饰作用的功能，一般通过产品的造型、色彩、材料等方面的设计来实现。

必要功能是指用户要求的产品必备功能，如钟表的计时功能，若无此功能，也就失去了价值。必要功能通常包括基本功能和辅助功能，但辅助功能不一定都是必要功能。

多余功能是指对用户而言可有可无、不甚需要的功能，包括过剩的多余功能。之所以产生产品的多余功能，一般是由于设计师理念的错误和企业在激烈市场竞争中的错误导向而导致的。

在产品改良设计中，对功能的改良必须在与产品的市场定位和预计成本相适应的前提下，以消费者的需求为出发点来设置产品的功能模型，定义和设计产品的功能结构。利用这种方法，可以使设计者有目的地创造子功能，然后再对这些子功能进行组合。这样，便可以使设计从开始阶段就有一个明确的设计目标，有利于确保最终完成的设计在功能的筛选上符合设计的最初要求。

二、产品功能的分析

美感是人类所特有的一种感觉。科学家们做过种种研究，主观的美感受不同的人、不同的民族、不同爱好的影响。例如有的民族以胖为美，有的民族喜欢大红大绿，有的民族则喜欢某种残忍的美（例如把铜环套在脖子上，把脖子拉得很长）。

形式美是许多美的形式的概括反映，是各种美的形式所具有的共同特征，它是一种规律，也是指导人们创造形态美的形式法则；而美的形式是有具体内容的，是某个产品实际存在的、各种形式美因素的具体的组合。

在任何作品中，强调突出某一事物本身的特性称为变化，而集中它们的共性使之更加突出即为统一。从最浅显的角度去理解的话，统一的作用是使形体有条理，趋于一致，有宁静、安定感。

统一与变化法则是形式美的造型的最根本法则，是统帅一切的法则。统一与变化是对立统一规律在艺术上的体现，是造型设计中比较重要的一个法则。

所谓统一就是要有某种统一的风格、统一的形态、统一的色调和统一的质感，但是绝对统一也不是最好的安排。应该在统一的基础上，在某些局部安排一些变化，使之变得活泼、动感，就像“万绿丛中一点红”那样。

如一辆汽车的色调，如果车头、车身、车尾用反差很大的色彩，就会显得杂乱、没有灵感。统一的色彩是大多数人欢迎的，但是车灯、保险杠、进风栅、车窗、车门和车门把手等安排，已经足够造成一些活跃的变化，能使人感受到统一中变化的美感。

产品的功能在造型中属于主导地位，对产品形象起着决定性的作用。现代工业品复杂多变，品种繁多，基本上都是功能决定形象，内容决定形式。如家用电器设计为了给使用者亲和的感觉，让大家乐意去使用，它们的形态很多都以曲线、圆弧造型为主，使用明度较亮的色彩。反之，兵器是战争工具，为了体现其力量以及战争的冷酷和隐蔽性，很多武器都以直线、尖角为造型的主调，用草绿色、灰色等色起“隐身”作用。

对比与调和的法则，是造型设计中最常用的一种手法，是在同质的造型要素（色彩、形体、材质等）间讨论共性或差异性。

所谓尺度是以人体尺寸作为度量标准，对产品形体进行相应的衡量，表示造型物体体量的大小，以及与周围环境特点相适应的程度。

产品造型的均衡形式，主要是指产品由各种造型要素构成的量感，指左右或前后平衡，而且要使人得到均衡的感觉，是通过支点表达出来的秩序和平衡。

对称的语源是希腊语的“symmetg”，意思是“彼此测量”。在造型秩序中，最古老最普通的内容之一就是左右对称。

从严格意义上讲，稳定是指上、下体积和重量的分配关系，即尽量使下大上小，下重上轻，给人一种重心稳定的感觉。

三、产品的功能设定

（一）功能设定的释义

产品设计是理性与感性相结合的创造性活动。其理性因素的表现之一就是产品的功能框架必须是一个有机整体。简单来说，功能设置就是整理需求信息（来自用户、消费者、生产者、维护者等）。通过调研获得信息后，提取基本需求和关键需求进行描述和定义，构建产品的整体功能体系，展现相关产品的功能本质。一定程度上，功能设置就是给产品定位。设定后，功能系统的各个部分可以折射到产品相应的零件、材料、工艺或操作方法上。因此，在功能设置过程中，不仅要定义整体产品，还要定义相关组件，定位各组件在整个系统中的位置和关系。

如果将功能设置体系与真实的产品结构进行比较，可以发现功能设置具有抽象性、模糊性和扩展性的特点，与真实的产品结构体系相差甚远。所以功能设置是一个更灵活的设计过程，可以无限深入，即时总结。

（二）功能设定的作用

在以功能为本质，而不是为产品而产品的前提下的设计，往往会产生更卓越、更新颖的理念和方案。

1. 定位准确

要明确设计目标，准确定位产品的设计方向。产品设计的目的就是帮助消费者解决生产、生活中的问题，只有在设计目标确立之后，如何达到目的才能成为设计师关注的重点。设计是需要规划和引导的，设计师在设计过程中如果不了解产品最终的使用者是谁；使用者为什么使用、购买产品；使用者对产品有怎样的需求；使用者的需求是否可以被满足、被实现等相关信息，设计师就无法进行设计，也无法保证设计方案的有效性和可行性。在功能设定这个环节，设计师通过对用户需求和功能实现条件进行分析，从而有依据地掌握具体的设计思路；让设计能够有的放矢，有章可循；保证产品的设计方向的正确性，并统领整个设计。

2. 激发创意

激发创意，便于提出富有成效的设计方案。产品的物质形式使人们习惯了接受它的外观存在而忽略了其功能载体的本质。人们对长期使用或看到的事物容易产生惯性思维，认为某类产品就是或只能是现在的样子，而不去思考产品为什么会是这个样子；为了实现同样的目的，产品是否还能够是其他样子；是否有更好的方式来解决问题等。以水杯为例，我们真的了解这种产品吗？我们能够从众多的容器中找到杯子，但不一定知道我们是如何区分的以及为什么会这样区分。大多数水杯都有把手，这一形象已牢牢印在了许多学生的脑海中，在初次设计水杯时，他们很习惯就为水杯安上了把手，而忽略了把手之所以存在的原因。水杯之所以有把手，多数情况是为了防止“水杯中的水过热而烫伤使用者的手”，但为了解决这一问题，“把手”不是唯一的办法。比如一个陶瓷杯子具有独特的鳍状结构，即便杯中装着温度高达 100℃的饮料，杯子外部的温度也只有 50℃，不会烫手。设计师在设计上删除了传统水杯上的把手，在新产品的杯壁上设计了一圈等距的褶皱，同样起到了防烫的作用。如果设计师一旦形成了对某产品的惯性认识，那么，设计思维就会被现有产品的形体与结构所束缚，创意的空间会越走越窄，难以超越现有产品。

3. 引导与约束产品开发设计

功能设置可以帮助设计师系统地掌握新产品设计的理念，保证产品设计开发的完整性。通过对功能系统的全面分析和完整构建，对产品功能的抽象描述形成了一个基本的功能系统框架，有助于设计师确定新产品的基本结构，使他们在开阔思路的同时兼顾产品的整体设计。通过对功能的具体分析和排列，设计师可以从大量的功能中分辨出它们之间的层次关系和归属关系，进行排列，找出它们是如何形成与产品结构相对应的概念体系的。这个过程让设计师对每一个功能支架都有了深刻的印象，不会错过设计的任何一个细节，也成就了设计的整体理念。

（三）功能的分析

如果设计人员负责的只是简单常用的工具、日用类产品的改良设计任务的话，凭借设计经验和生活经验，直接应对需求进行功能设计，在某些项目中是可行的。但是，在面对大型的、机械化、电子化产品的全新开发任务时，仅依靠经验的功能设计往往显得力不从心。而且，基本上所有的产品设计在凭借经验进行功能设计时，都会遇到思路狭窄、遗漏细节等问题，使功能的实现程度受限，或者成为伪功能——无法解决实际问题的功能；还有一种情况是所设计的功能在使用时给用户带来了更多的麻烦。这些问题都没有正真满足用户的需求，使产品设计的成功比率大大降低。因此，对功能进行细致、深入的分析是保证设计成功的关键环节。

事实上，对所有产品开发人员而言，功能分析是前期设计的必要过程。功能分析主要由定义功能、功能分类、功能分解等部分组成。

1. 定义功能的方法

定义功能是概念提取的过程，即在需求的基础上陈述如何解决问题和满足需求，并将这个陈述性语句概括成定义。解决同一个问题可能有很多种方法，而定义功能却需要将这些方法变成某种操作概念并加以确定。定义功能在功能设定过程中的作用主要有两个部分：一是为产品的整体功能下定义，决定整个产品存在的意义和目的，是设计前期一定要完成的，是不可以改变的；二是为产品的各个子功能下定义，决定各个子功能存在的意义和目的，其定义会随着设计的发展、变化而发生改变。

定义功能以层次性的抽象词汇概括了产品整体或部件的运作，并对其效用加以区分和限定，从而关联了产品的行为和功能。为了做到简明扼要，定义功能一般采用“两词法”，即用动词和宾语构成的词组来定义功能，如“显示时间”“输入电流”等。如果要完整表达定义，则要加上行为的主语，即产品整体或某个部件，如：“手表显示时间”或“指针显示时间刻度”。

只要认清了产品或部件的运作行为及其被作用的对象，就明确了它们的功能，即人们从行为空间到功能空间的映射过程中完成了对功能的理解。

定义功能的目的在于明确揭示产品的本质，尤其是动宾词组式的定义，可以忽略行为实施的主体，使设计师将注意力集中到产品的行为功能，从而脱离固定的结构或形式，寻找更多、更好的功能实现方式。

产品各部件所承担的功能权重不同，实现方式也不尽相同，因此，需要加以分类，以便做功能分析时区别对待。此外，功能的分类也有助于我们全面了解功能的定义，并掌握不同功能的表达方式，从而可以更有效地利用语言、图表和文字对相关功能进行确切、明了的定义。

由于用户需求的差异性、产品的丰富性，功能分类的立足点是不一样的。

①按照用户需求的性质，功能可分为使用功能和精神功能两大类别；

②按照用户需求的满意度，功能可分为必要功能和不必要功能；

③按照同一产品内功能的重要程度，功能可分为主体功能和附属功能；

④按照实现功能的层次，功能可分为总功能、子功能和功能元。

不同的分类方法取决于对产品功能性质的定位，其立足点不同，即有不同的分类方式。在讨论产品的使用价值和审美价值时，很明显，我们应该将客户的需求向使用功能和精神功能两个不同的方向进行映射；当我们的目的在于建立功能之间的结构层次时，就应当将大大小小因需求而产生的功能罗列为总功能、子功能和功能元；当我们需要增加或减少某种功能时，首先就要将必要功能和不必要功能作一个清楚的归类。

2. 功能分类

（1）使用功能

使用功能是指产品在使用方面能否满足人们的需要，如产品的操作是否方便，是否高效，维修、运输是否方便、安全等，也可称为实用功能或物质功能。使用功能定义为 8 种基本类型，即通道功能、支持（不支持）、连接、分支（分离）、提供、控制、转换、信号。由于篇幅的限制，这里不展开论述，请读者查阅相关资料。

（2）精神功能

精神功能也可以称为心理功能，这种功能能影响使用者的主观意识和心理感受。精神功能带有情感化的特征，并通过其界面语义来传达一定的文化内涵，体现时代感和精神上的价值取向。使用者往往通过产品的样式、造型、质感、色彩等产生不同感觉，如豪华感、现代感、技术感、美感等，这些感觉加深了需求被满足的心理体验。

概括来说，精神功能主要包括如下因素。

①审美因素：产品的设计美主要考虑功能美、技术美、形态美和材质美等方面，千万不要将产品的审美因素简单地认为就只是产品的外观。产品设计不只是功能性的满足，还要满足人的心理性的欲求与愿望；同时，产品也不只是机能与造型的设计，还可能有声音、气味、温度等感官体验需要被满足。

②认知功能：认知功能在信息产品设计中显得尤其重要，通常表现为产品的操作界面，按钮、图标以及其他功能键的设计充分符合用户的认知习惯。

③象征功能：通过产品的外观、品牌等方面的设计，起到显示使用者地位、品位等方面的作用。

分解使用功能和精神功能的作用：使用功能和精神功能的分解并不是绝对的，任何产品都有其双重的功能需求，产品本身就是综合需求的产物。在具体的产品中，更多的产品集使用功能、认知功能和审美功能为一体。功能之间是互相联系的，不能截然割裂。然而，在设计前期对产品的使用功能和精神功能加以权衡又必不可少。至于两者在产品设计中的权重比例，往往根据产品的综合功能及最终目的来决定。例如，灯具的设计必然是为了满足人们对光的需求，但不同的灯具，满足的需求是不同的。工作台灯的主要功能是满足使用者工作时的照明需求，强调产品的使用功能；而室内的各种装饰灯具则是为了营造空间氛围，以照明功能为辅，强调产品的精神功能。

两者的分解有助于设计师对产品功能的定义更加明确，更加直接；能够让设计者清楚地了解、把握设计的方向，对具体的设计流程做出相应的调整。例如，现在国内很多行业的产品处在同质化的时期，企业、设计公司等需要进行大量的产品改型的设计项目以赢得市场。这些项目要求设计者在不改变产品原有功能、结构原理的基础上，对产品的外观进行修改，在这样的设计要求下，设计的流程必然不一样。

（3）主体功能和附属功能

主体功能指与产品的使用目的直接相关的功能，对于使用者来说，这是产品必备的基本功能。主体功能相对稳定，不会出现大幅度的变化，如果主体功能发生变化，产品的性质就要随之发生改变。如沙发床，由于在原来以“坐”为主体功能的基础上增加了“睡”的功能，使产品的性质发生了改变，使用者需要的是两个功能并存的产品，缺一不可。我们很难定义这种产品到底是沙发还是床，因此就有了“沙发床”这一新的名词。

附属功能是辅助主体功能的功能，但有时也是消费者选择产品时的重要因素。附属功能往往是多变的。附属功能有时对主体功能起到辅助的作用，有时则具备完全独立的功能，有时甚至会失去“附属”的性质而无法分清主要功能与附属功能的关系。如带收音机的闹钟。

（4）必要功能和不必要功能

产品的必要功能与不必要功能之间的关系是动态的、相对的。当使用者的需求发生变化时，两者会发生相应的转化。在设计实务中，除了分析、明确产品功能的主次关系外，保留原有产品的必要功能，剔除不必要的功能，弥补现有产品功能的不足也是非常重要的。

①功能不足

功能不足是指必要功能没有达到预定的目标。功能不足的原因是多方面的，如因结构不合理、选材不合理而造成强度不足，可靠性、安全性、耐用性不够等。其次，使用者对于功能的需求不断变化，同一产品的功能会随着时代的改变、技术的革新、人们需求的变化而发生变化。例如铅笔作为一种书写工具，因为其可重复擦写的特点，一直被人们沿用至今。在长期的使用过程中，人们发现了原有产品的许多不足之处，并衍生出许多不同的产品。如人们为了避免削铅笔的麻烦，设计出了自动铅笔。又比如，随着各种考试中答题卡的出现，人们需要在短时间内用 2B 铅笔精确填满卡上面的细小格子，而现有的所有铅笔都显得功能不足。为解决原有产品出现的问题，满足使用者新的需求，国内就出现了专门为填写答题卡而设计的自动铅笔。设计者保留了原有自动铅笔的结构原理，将笔芯的切面由原来的圆形改为与答题卡中格子宽度相近的矩形，使用户划一次就可以填满答题卡的格子。

②功能过剩

功能过剩是指产品的功能超出了需求，成为不必要功能。功能过剩又可分为功能内容过剩和功能水平过剩。功能内容过剩，指附属功能多余或使用率不高而成为不必要的功能。对于某些使用者来说，有些附属功能是不必要的。功能水平过剩是指为实现必要功能，在安全性、可靠性等方面采用了过高的指标。在功能分析、设定的过程中，必须将不必要的、过剩的功能删除。

③功能适度

功能适度是指产品的功能符合用户的需求，产品功能的设定不多不少，适度地满足了用户的需求。另外，功能适度是动态的，它会随着需求的变化而变化，这要求设计师需要随时关注用户需求的变化。例如，简化功能后的傻瓜相机的出现无疑帮助许多人实现了拍照的梦想，也使"摄影"成为极为大众化的活动。但是，最初只有一个快门键的傻瓜相机的定焦设计，在简化操作后，也给使用者带来了不便。随着人们使用需求的提高，没有焦距变化功能的设计明显不能满足用户的需求，老产品的功能也就显得不足了。其实，即使是现在市场上的产品也有许多功能上的不足，例如，现有的非专业相机在自拍时非常不方便，要么请他人帮助（经常是不认识的人），要么背着沉重的三脚架（这与轻巧的非专业相机设计不符）；由于非专业相机轻巧的设计，使抓拍变得很难，等等，这些问题，都需要相应的新功能去实现。人们需求的变化，成为产品功能不断设计、改良的动力。

许多学习者进行产品设计时，习惯为新产品增加功能，做加法式的设计，这是因为缺少对功能必要性的考虑。在对功能必要性进行分析后，我们会发现，很多产品更需要做的是减法式的设计，其作用如下：

一是降低产品的成本。有时候，产品功能的增减仅仅是成本因素造成的。在删减某些功能时，并不是因为用户对这些功能没有需求，而是因为过多的功能会增加产品的成本。一个便宜的但能够无线通话的手机也许就是低收入消费者不错的选择。

二是降低产品操作的难度。多功能的设计往往会增加产品的操作难度，对于接受能力和学习能力较弱的儿童或老年人，操作较为复杂的产品必然不是他们的首选。

三是追求简洁设计风格产品。对于追求简洁设计风格的产品，过多的附加功能是不适合的。

四是符合特殊使用者的需求。例如，针对视障人群设计的手机，由于使用群体生理的特殊性——视力障碍，传统手机所具备的屏幕显示功能或视觉显示功能（如按键提示灯）不再需要，因而在新的产品中被删除。如果将传统手机的屏幕显示功能目的化，我们不难发现其目的是让使用者知道手机输入或输出的信息，如拨打的号码或接收的信息等，而屏幕显示不过是一种视觉显示的手段。那么，"让使用者知道手机输入或输出的信息"这一功能的需求在针对视障人群设计的手机中也应得到满足。

3. 功能分解

功能分解是把功能从产品及其部件中抽象出来，将产品各个部件的明细变为功能明细，进而对产品的功能进行分解，以寻求完成目标功能的实施方法。多数产品都是由不同部件组成的，为了实现一个功能，往往需要多个功能元件和步骤，那么，产品的整体功能也需要由各个部件相互协调、共同完成。

功能分解既可以用于对现有产品的分析，也可以应用在设计过程中，是从功能概念向设计实现的重要一步。从功能的分解可以清晰地看出设计者的思路——设计者如何通过各个元件的设计或组合来实现各个不同的功能，又如何处理产品各个不同功能之间的关系来实现最终的整体功能，达到满足用户需求的目的。功能分解在设计过程中的作用如下：

第一，功能分解的方法可以用来改变一个产品的体系结构或者用来产生新的解决产品功能的方案。

第二，功能分解是处理复杂问题的首选方法，能够让设计师系统地、完整地进行项目的设计。

第三，功能分解可以帮助我们理解现有的产品。某些技术原理的运用，可以通过对产品部件的拆除进行分析和研究，使我们获得对产品复杂性和操作的深刻认识。

功能分解可图示为树状的功能结构，称为功能树或功能系统图。功能树起于总功能，逐级进行分解，其末端为功能元。根据产品开发的范围和深度，功能系统图有简单与复杂之分。功能系统图中各部分的关系和定义如下。

（1）整体功能与设计功能

产品整体功能是用户的直接要求和最终实现目标；设计功能是由设计者规划、设计的，它们是实现整体功能的直接或间接手段。整体功能是必须保证的功能，而设计功能是可以改变的。

（2）功能级别

功能级别的划分是依据功能与整体功能相隔的功能数来定的，它反映了各级功能与整体功能关系的紧密程度。比如，缝纫机的综合功能是“缝纫”，而要实现“缝纫”，现有大多数产品将其分解为“刺布”“挑针”“钩线”和“送布”四个子功能，从而完成其总功能。从产品结构的观点来看，产品整体往往是综合功能的承载者，而子功能往往是产品各组成部分（零部件）所负载的具体功能。由于系统组织的层次性，子功能可以进一步分解，直到功能元为止。所谓功能元，是指产品功能的最基本单位，处于整个功能分解的最底层。

（3）功能区

功能区是指由目的功能和实现这一目的功能的直接和间接手段功能组成的功能区域。整个功能系统图是一个大功能区，它由若干个小功能区组成。

（4）目的功能与手段功能

产品总功能可以分解为各项子功能，子功能可以分解为目的功能和手段功能。目的与手段的关系是相对的。目的功能就自己实现的另一目的功能来说，又是手段功能；手段功能就实现自己的另一手段功能来说，又是目的功能。

（5）上位功能与下位功能

上位功能与下位功能是目的功能与手段功能的代名词。它们之间的区别在于，目的功能与手段功能强调功能本身的目的与手段之间的关系，而上位功能与下位功能强调目的功能与手段功能在系统图上的位置关系。具有同一上位功能的多个下位功能称为同位功能。

（6）中间功能与末位功能

既有手段功能又有目的功能的功能称为中间功能，只有目的功能没有手段功能的功能称为末位功能。

功能分解可以通过功能系统图来表现，其主要表现形式有以下两种类型：

①结构式功能系统图

从产品整体、部件、组件直至零件进行逐级功能定义，然后依据相互间的目的手段关系和同位并列关系将各功能连接起来。这种连接方式由于功能区与产品、部件、组件结构完全对应，故称为结构式功能系统图。

②原理式功能系统图

原理式功能系统图是指围绕产品整体功能的实现，以产品工作原理为内容，从抽象到具体逐级定义出中间功能，并根据目的手段关系和同位并列关系把零件或非解部件（不分解到零件进行功能定义的部件）的功能作为末位功能，分级分区地连接起来所构成的功能系统图。

（四）功能的设定原则与表现形式

1. 功能的设定原则

功能的设定原则主要体现在以下几个方面。

①产品的功能设定要符合产品的定位，要与用户的需求相一致。

②设定的各个子功能要与整体功能的设定相一致。

③产品功能的设定要能够量化。以照明产品为例，设计者需要明确量化照明的亮度、照明的范围、照明的使用时间跨度、照明的亮度是否需要调节以及调节的级数等。

④产品功能的设定要完整、明确。首先，要明确各功能之间的关系；其次，要明确功能设计的重点，即设计点或产品的卖点。有时，新产品的设计点或产品的卖点不一定是产品的整体功能，而是实现整体功能中的某个子功能或是产品的附属功能，却是设计者在设计时需要投入主要精力的部分。明确功能设计的重点，能够使设计者分配好设计精力的投入。

2. 功能设定的表现形式

功能设定的表现是对调查、分析结果的表达，文字描述、图表形式、图文兼备甚至是动态的表达都可以。由于产品的功能系统设定的关系较为复杂，最好能够采用文字与图表结合的形式来表达，这样能够使表达的条理更为清晰，如功能系统图。在设计的不同阶段有不同的表达方式，并可以根据具体的项目和设计者的习惯来自行选择与调整。

另外，产品说明书也是表现产品功能设定的一种形式，它清晰地向用户讲解了产品的操作原理，并将所有与用户操作相关的功能和设定详细地描述出来。仔细观察、阅读你身边产品的各种说明书，你对产品功能的设定会有更深的了解。

第二节　产品功能概念设计

一、产品功能概念设计概述

概念设计是以用户需求为依据，在不考虑现有的生活水平、技术和材料的情况下，根据设计师的预见能力所达到的范围来考虑人们的未来，它以设计概念为主线贯穿全部设计过程。

概念设计中流露出的是设计师对未来潮流及生活方式的把握，这些概念往往成为今后潮流发展的风向标。每年的时装发布会、车展等活动中，都少不了概念产品，它们引导了人们对产品的思考，同时，消费者对它们的反应也成为设计者进一步设计的依据。

二、产品功能概念设计程序

下面以锥形储水器“水锥”的创意设计为例，来介绍产品开发设计的程序和方法。该设计曾获得多项国际设计大奖。与产品改良设计由产品问题驱动程序，即围绕特定产品缺陷或用户对产品新需求相比，产品创新设计程序的驱动力不具有特定的形式。因此，从设计问题求解的角度，设计师将面对一个非常大、非常复杂的问题空间和解决空间，并且由此决定了由问题空间到解决空间（创意空间）路线（程序）的曲折性和复杂性。

水锥是一个可以将盐分从咸水里分离出来而产生淡水的巧妙装置，构造简单，所需驱动力仅仅是阳光。由于生态、经济、地理以及政治原因，全世界有40%（约2.5亿）的人无法得到清洁的饮用水。世界儿童基金会也指出：每天约有5000名儿童因饮用不安全的水腹泻导致死亡。由此，解决这些地区饮水困难的真正问题在于，如何设计一种生产成本低廉并且简单、高效的太阳能海水脱盐装置。可以将这个概念分解为解决以下几个方面的问题：

①生产成本要低，不发达地区也能够消费得起；

②使用简单，能够适应不同的恶劣环境；

③以自然能源为基础，如太阳能。

（一）方案创意

方案创意是一个由发散到收拢，然后再进一步深化的过程。这个过程由创新设计的性质所决定，其创新度要比改良设计高得多，所以在方案创意阶段设计师应该勇于原创、勇于摆脱固有思维模式的羁绊，去探索全新的解决方案。

在方案创意阶段，构思草图是除了记忆之外，大脑存储思维片段的一个重要形式。构思草图一般使用铅笔、钢笔、圆珠笔、马克笔等简单的绘图工具进行绘制。尽管在以计算机为主导的信息时代里，电脑草图、电脑效果图以及摄影、视频技术等丰富了方案构思的表现手段，但草图作为设计师的工具语言，仍然是不可或缺的。这是因为，对方案的构思不能全凭思考来实现，更重要的是把思考的结果记录下来，并与他人进行交流和探讨。视觉图像呈现对有独创性的设计师的工作而言是个关键问题。他（设计师）必须依靠丰富的记忆来激发创作灵感，而丰富的记忆则依靠训练有素的灵敏视觉来获得。构思草图正是担负着搜集资料和整理构思的任务，这些草图对拓展设计师的思路和积累设计经验都有着不可低估的作用。

除了构思草图外，草模也是设计中必不可少的媒介工具。草模是对方案进行快速修改和调整的前提之一，设计师可以运用草模迅速把构思转化为实际的三维存在物，从而以三维形体的实物来表达设计构思，并为与工程技术人员进行交流、研讨、评估以及进一步调整、改进及完善设计方案、检验设计方案的合理性提供有效的实物参照。

另外，设计师在这一阶段应该按照设计定位的要求，开始解决在设计初期就必须考虑的问题，这些问题包括确定产品的整体功能布局、框架结构和使用方式；初步考虑产品造型在美学与人机工程学方面的可行性；推敲材料的特性、成本和产品的生产方式。

（二）设计评估

在产品开发过程中，产品设计是基于团队决策基础上的，如果不能在众多方案中筛选出符合设计目标的方案，就可能造成设计开发活动的无目的性和不确定性，从而导致大量时间和财力的浪费。因此，我们应当高度重视对设计概念的评估，并在评估时建立起一套科学、有效的设计评估机制来指导设计评估活动的进行。

1. 设计评估的标准

设计评估的目的是对设计方案中不明确的方面加以确定或者对待选方案是否达到最初的设计构想进行评价。要实现设计评估这一目的，就需要先建立起评估的标准。一般而言，设计评估标准的确定应考虑以下四个方面：

①技术方面：如技术上的可行性与先进性、工作性能指标、可靠性、安全性、宜人性、维护性以及实用性等。

②经济方面：如成本、利润、投资、投资回报期、竞争潜力、市场前景等。

③社会方面：如社会效益、对技术进步与生产力发展的推动、环保型资源的利用、对人们的生活方式与身心健康的影响等。

④审美方面：如造型、风格、形态、色彩、时代性、创造性、传达性、审美价值、心理效应等。

在设计实践中，往往会遇到这样的问题：参与产品开发的每一个成员对标准所包含的内涵可能会有不同的理解。因此，在标准设定开始时，在深入研讨的基础上就要形成关于标准的定义。要确定标准的准确定义，就要对评估标准包含的所有方面进行详细阐述和细化。例如，对于审美方面的产品色彩的定义就应当进行如下细化：色彩与功能和使用条件相吻合：色彩对比适度、协调；质地均匀、优良；色感视觉稳定，色彩区与形态的划分相一致。

2. 设计评估的方法

（1）排队法：该方法的基本思路是当出现众多方案而无法简单判断其中最佳方案时，将方案进行两两比较，其中较好方案打 1 分，较差的方案打 0 分。将总分求出后，总分最高者即为最佳方案。

（2）点评价法：该方法的特点是对各比较方法按方案所确定的评估标准进行逐一评估，并用符号“+”（表示达到评估标准）、“-”（表示未达到评价标准）、“？”（表示条件不充分，需加以完整）、“!”（表示重新检查设计）表示出来，根据评估的结果做出正确的选择。

（3）排序法：就是将每一个经过清晰定义的评估标准根据设计的侧重点不同进行排序。我们可以采取坐标方式对设计方案的众多设计标准的重要性进行分析和评估。设定评定标准中的每一项满分为 5 分，各项围成的面积越大则该方案的综合评定指数越高。

（4）语意区分评价法：是以特定的项目在一定的评价尺度内的重要性作为评价依据的主观判断方法。首先在概念上或意念上进行选择，进而明确评定的方向。一般地，将概念或意念用可判断的方式进行表达，如以语言文字进行说明，或用图片直接表达。其次是选定适当的评价尺度。最后拟定一系列对比较强烈的形容词供评判时参考。具体方法可以是将评价的问题列为意见调查表，并拟定若干个表明态度的问题，评估者对各问题的回答分为“很同意”“同意”“不表态”“不同意”“很不同意”五种。计分时，越趋向正面意义的分数，其分值越高；反之，分值越低。分析时，以“累积和”分值的高低作为计算标准。

从一般语意区分评价表可以看出，通过语意上的差别来评价产品造型质量，使所选的方案接近原产品计划的目标和市场性，这是语意区分评价法所发挥的重要作用。

（5）设问法：就是采用提问的方法对方案进行评估。对方案的提问可以参照如下五个方面进行：

①用户界面的质量

产品的特征是否将其操作方法有效地传达给用户？

产品的使用是否直观？

所有的特征是否都安全？

是否已经确认了所有的潜在用户和产品的使用方法？

与具体产品相关的问题举例：把手舒适吗？旋钮能否容易而顺畅地旋转？电源开关容易找到吗？显示的内容是否容易读懂？

②情感吸引力

产品是否具有吸引力，它是否令人向往和打算拥有？

产品是否表达出产品应具有的品质感？

用户第一眼看到它时，能产生何种印象？

产品是否能激起拥有者的自豪感？

与具体产品相关的问题举例：家用空调器是否与家庭的氛围相匹配？汽车门关闭时的声音如何？该手动工具是否感觉坚固耐用？

③维护和修理产品的能力

产品的维护是否简便易行，是否一目了然？
产品的特征是否把拆卸和安装步骤有效地传达给用户？

④资源的合理使用

在满足客户需求时，资源的使用情况如何？
材料选择是否合适（从成本和质量的角度分析）？
产品是否存在“过度设计”或“设计不足”的问题？
产品设计中是否考虑了环境、生态因素？

⑤产品形象

在商场中，顾客是否可以根据外观将它选出？
看过该产品广告的顾客是否能记住它？
产品是否强化了企业形象或与企业形象相吻合？

（三）详细设计

方案获得认可后，就可以进入详细设计阶段。由于在详细设计阶段，对产品细节的设计决策对产品质量和成本有着实质性的影响，因此该阶段又被称为“面向制造的设计”（design for manufacturing）。详细设计要用到各种类型的信息，包括草图、详图、产品指标以及各种备选设计，对生产和装配过程的详细理解，对制造成本、生产量及生产启动时间的预测。详细设计阶段是产品开发中涉及最广泛的综合活动之一，需要设计师与工程师、财务人员、生产人员密切合作才能完成产品的设计。

在该阶段，产品的基本形态已经确定，现在面临的任务是对产品的细节进行推敲和完善，以及对产品的基本结构和主要技术参数进行确定，并根据已定案的造型进行工艺上的设计和原型制作。详细设计阶段对于产品设计师而言，主要有以下两个方面的工作需要完成。

1. 设计制图

方案最终确定后，就进入设计制图阶段。设计制图包括外形尺寸图、零部件结构尺寸图、产品装配尺寸图以及材料加工工艺要求等。设计制图为后续工程结构设计提供了依据，也是对产品外观造型进行控制，所有后续设计都必须以此为基准，因此这些图纸的绘制必须严格遵照国家有关标准进行。

2. 模型（原型机）制作

检验设计成功与否，一般情况下利用模型就可以实现。但是为了更好地研究技术实现上的可行性，制作一台能充分体现造型和结构、能实现产品全部功能的原型机不失为一个最好的选择。原型机可以将产品的真实面貌充分显现出来，并可以将在绘制草图和制作草模阶段所不曾发现的问题暴露出来。因此，制作模型及样机本身就是详细设计的一个环节，是对设计方案进行深入研究的一个重要方法。通过模型的制作，一方面可以对设计图纸进行检验和修正，另一方面也为最后的设计方案定型提供了依据，同时为后续模具设计的跟进提供了参考。

（四）产品测试

方案细化后制作样机，并对样机进行人机工程学、使用寿命、市场反应、功能实现和维修等测试，针对测试中暴露出来的问题对方案做进一步改进，使产品在投入生产后的风险减至最低。

产品测试通常以如下三种形式依次进行：

（1）第一种形式是将设计方案同最初设计目标进行比较。对产品的测试应当由营销部门或一个单独的新产品管理小组来完成。这一技术工作需要得出产品原型与设计目标之间的差别，然后再与设计人员进行协商，如果产品原型同设计目标的差别可以被接受，就要对产品原型进行第二种测试，即重复进行早期的概念测试。

（2）第二种形式是产品原型概念测试。通过该测试来获得必要的数据，以决定是否对现有的设计概念进行调整。这是因为，随着设计开发时间的推移、设计人员的变更以及市场趋势的变化，已有的产品原型可能与设计目标不一致。在这步工作中，设计人员的主要任务是去探寻消费者及用户对产品原型的各种反应，而访谈是普遍采用的方式。产品原型通过概念测试就可以进行更为深入的技术开发工作，从而使产品测试工作进入产品使用测试阶段。

（3）第三种形式是产品使用测试。测试的目的可以归结为以下五个方面：

①履行设计目标。

②获得对产品改进的设想。一直到产品投入市场的最后一刻都有可能得到完善产品性能或者降低成本的方法，产品使用测试可为其提出许多建议。

③了解消费者使用产品的方法。

④核对设计要求。设计人员要解决出现的各种问题，并在测试阶段对各种设计要求进行核对。

⑤揭示产品弱点。在不了解产品弱点的情况下，不能进行产品营销活动，而产品使用测试能够揭示这些弱点，这就要求设计人员具有创造性和理性思维能力。

对产品原型进行全面测试后，就要结合测试中发现的问题进行修改，如功能、操作方式的改进，模具结合的合理性、经济性、安装方式、安装流程、安全性等。在上述修改工作完成后，就可以将产品的准确数据移交给制造部门，进行模具加工或小批量试产。

锥形储水器的设计阶段就是一个多次迭代、多次反复的过程。设计是充分利用发散—收敛式思维，寻求解决问题的最优解，并为此不断地进行设计创意、评价和实验。

为了能够更加有效地获得可行性设计创意，设计创意的提出必须遵守产品的价格成本足够低廉，并能够在众多产品中取得成功的原则。

水锥可以将盐分从咸水里分离出来而产生淡水，需要的唯一动力就是阳光。这个装置的构造简单，相对于其他复杂的脱盐设备，其售价低廉、容易维护。水锥使用很简单，往配套的黑色平底盘内倒上 3 ～ 5 升咸水，将水锥罩在底盘上方，在阳光下黑色底盘吸收热量蒸发水分，水蒸气凝却在锥形罩上，并顺着罩子流下聚集在锥形罩底部的槽中。收集满后，快速地倒转锥形罩，拧开顶部的盖子，就可以收集蒸馏出的淡水了。

除了与黑色底盘配套使用，水锥也可以单独使用，将其放在一块沼泽湿地或者潮湿的土地上，也能够收集干净的淡水。

水锥经过使用和环境测试，被证明非常有效，每个水锥一天最多能够收集 15 升饮用水。同时，水锥的圆锥外形也接受了风洞测试，能够经受时速 55 千米的大风考验。此外，因为聚碳酸酯具有抗紫外线的功能，它有 5 年的使用期限，在这之后，还可以将它翻转过来做漏斗，用来收集雨水。

第三节　产品的开发设计与品质改良创新

一、产品的开发设计

产品的开发设计是指从研究选择适应市场需要的产品开始到产品设计、工艺制造设计，直到投入正常生产的一系列决策过程。

（一）产品开发设计的主体

产品开发是一项跨学科的活动，它需要企业中几乎所有职能部门的参与。以下三种职能在产品开发项目中处于核心地位。

1. 市场营销

市场营销职能协调着企业与顾客之间的关系。营销往往有助于识别产品机会、确定细分市场、识别顾客需求；还可加强企业与顾客之间的沟通、设定目标价格、监督产品的发布和推广工作。

2. 设计

设计职能在确定产品的物理形式以最好地满足顾客的需求方面发挥着重要作用。本书所述设计职能包括工程设计（机械、电子、软件等）和工业设计（美学、人机工程、用户界面等）。

3. 制造

制造职能主要包括为生产产品而开展的生产系统的设计、运营和协调工作。广义的制造职能还包括采购、配送和安装。这一系列的活动有时也称为“供应链”。

在这些职能中不同的个人通常在某些领域（如市场调研、机械工程、电子工程、材料科学或制造运营）接受过专门培训。新产品的开发过程通常也会涉及财务、销售等其他辅助职能。除了这些广泛的职能类别外，一个开发团队的具体组成还取决于产品的具体特性。

很少有产品是由一个人单独开发的。开发一个产品的所有个人的集合组成了项目团队。这个团队通常有一个团队领导，他可能从企业的任何职能部门中被抽调出来。这个团队可以由一个核心团队和一个扩展团队）组成。为了高效地协同工作，核心团队通常保持较小的规模，而扩展团队可能包含几十、几百甚至上千个成员。（虽然“团队”这个术语不适合数千人的群体，但是在这里我们还是用了这个词，以此强调一个群体必须为一个共同的目标工作。）在大多数情况下，企业内部的团队将获得来自伙伴公司、供应商和咨询公司中个人或团队的支持。例如，在一种新型飞机开发中，外部团队成员的数量可能比出现在最终产品上的公司内部团队数量更多。事实上，一个以盈利为目标的制造企业是最常见的产品开发机构形式，其他形式也有可能存在。产品开发团队有时在咨询公司、大学、政府机构和非营利性组织中工作。

（二）产品开发的周期与成本

大多数缺乏产品开发经验的人都会对产品开发所需的时间和资金感到吃惊。事实上，很少有产品能在 1 年内开发出来，很多产品开发需要 3 ～ 5 年的时间，有些甚至长达 10 年之久。

产品开发的成本大致与项目团队的人数和项目持续的时间成正比。除了开发成本，企业还要在生产所需的工具和设备方面进行投资。这部分花费往往占产品开发总预算的 50%，有时也可以把这些成本视为生产中固定成本的一部分。

（三）产品开发的流程与组织

1. 产品开发的流程

一个流程就是一系列顺序执行的步骤，它们将一组输入转化为一组输出。大多数人比较熟悉物理流程，如烤蛋糕的流程或组装小汽车的流程。产品开发流程是企业构想、设计产品，并使其商业化的一系列步骤或活动，它们大都是脑力的、有组织的活动，而非自然的活动。有些组织可以清晰界定并遵循一个详细的开发流程，而有些组织甚至不能准确描述其流程。此外，每个组织采用的流程与其他组织都会略有不同。实际上，同一企业对不同类型的开发项目也可能会采用不同的流程。

尽管如此，对开发流程进行准确的界定仍是非常有用的，原因如下。

①质量保证：开发流程确定了开发项目所经历的阶段，以及各阶段的检查点。若这些阶段和检查点的选择是明智的，那么，遵循开发流程就是保证产品质量的重要方法。

②协调：一个清晰的开发流程发挥着主计划的作用，它规定了开发团队中每一个成员的角色。该计划会告诉团队成员何时需要他们作出贡献，以及与谁交换信息和材料。

③计划：开发流程包含了每个阶段相应的里程碑，这些里程碑的时间节点为整个开发项目的进度确定了框架。

④管理：开发流程是评估开发活动绩效的基准。通过将实际活动与已建立的流程进行比较，管理者可以找出可能出现问题的环节。

⑤改进：详细记录组织的开发流程及其结果，往往有助于识别改进的机会。

基本的产品开发流程包括六个阶段，该流程开始于规划阶段，该阶段将研究与技术开发活动联系起来。规划阶段的输出是项目的使命陈述，它是概念开发阶段的输入，也是开发团队的行动指南。产品开发流程的结果是产品发布，这时产品可在市场上购买。

产品开发流程的一种思路是：首先建立一系列广泛的、可供选择的产品概念，随后缩小可选择范围，细化产品的规格，直到该产品可以可靠地、可重复地由生产系统进行生产。需要注意的是，尽管生产流程、市场营销计划以及其他有形输出会随着开发的进展而逐渐变化，但是，识别开发阶段的主要依据是产品的状态。

另一种产品开发流程的思路是：将其作为一个信息处理系统。这个流程始于各种输入，如企业的目标、战略机会、可获得的技术、产品平台和生产系统等。各种活动处理着开发信息，形成产品规格、概念和设计细节。当用来支持生产和销售所需的所有信息开始创建和传达时，开发流程也就结束了。

第三种思考方式是：将开发流程作为一种风险管理系统。在产品开发的早期阶段，各种风险被识别并进行优先排序。在开发流程中，随着关键不确定性因素的消除和产品功能的验证，风险也随之降低。当产品开发流程完成时，团队对该产品能正常工作并被市场接受充满信心。

市场营销、设计和制造贯穿整个开发流程，其他职能部门（如研究、财务、现场服务和销售）在开发流程中的特定时间点也发挥了重要作用。

基本产品开发流程的六个阶段如下：

①规划：规划活动通常被称为“零阶段”，因为它先于项目审批和实际产品开发流程的启动。这个阶段始于依据企业战略所做的机会识别，包括：技术发展和市场目标评估。规划阶段的输出是该项目的使命陈述，详述产品目标市场、业务目标、关键假设和约束条件。

②概念开发：概念开发阶段识别了目标市场的需求，形成并评估了可选择产品的概念，然后选择出一个或多个概念进行进一步开发和测试。概念是对一个产品的形式、功能和特征的描述，通常伴随着一系列的规格说明、对竞争产品的分析以及项目的经济论证。

③系统设计：系统设计阶段包括产品架构的界定，将产品分解为子系统、组件以及关键部件的初步设计。此阶段通常也会制订生产系统和最终装配的初始计划。此阶段的输出通常包括：产品的几何布局、产品每个子系统的功能规格以及最终装配流程的初步流程图。

④详细设计：详细设计阶段包括产品所有非标准部件几何形状、材料、公差等的完整规格说明，以及从供应商处购买的所有标准件的规格。这个阶段将编制工艺计划，并为即将在生产系统中制造的每个部件设计工具。此阶段的输出是产品的控制文档，包括：描述每个部件几何形状和生产模具的图纸或计算机文件；外购部件的规格；产品制造和组装的流程计划。贯穿整个产品开发流程（尤其是详细设计阶段）的三个关键问题是：材料选择、生产成本和稳健性。

⑤测试与改进：测试与改进阶段涉及产品多个试生产版本的创建和评估。早期（alpha，简称“α”）原型样机通常由生产指向）型部件构成，“生产指向型”部件是指那些与产品的生产版本有相同几何形状和材料属性，但又不必在实际生产流程中制造的部件。要对口原型进行测试，以确定该产品是否符合设计并满足关键的顾客需求。后期（beta，简称“β”）原型样机通常由目标生产流程提供的零部件构成，但装配过程可能与目标的最终装配流程不完全一致。“β”原型将进行广泛的内部评估，通常也被顾客在其使用环境中测试。“β”原型的目标通常是回答关于产品性能及可靠性的问题，以确定是否对最终产品进行必要的工程变更。

⑥试产扩量：在试产扩量（或称为生产爬坡）阶段，产品将通过目标生产系统制造出来。该阶段的目的是培训员工、解决生产流程中的遗留问题。该阶段生产出来的产品，有时会提供给目标顾客，并仔细评估以识别存在的缺陷。从试产扩量到正式生产的转变通常是渐进的。在这个转化过程中的某些点，该产品发布并广泛分销。项目后评估可能在发布后的很短时间内进行，包括从商业和技术的视角评价项目，意在识别项目改进的途径。

2. 产品开发组织

除了精心编制一个有效的开发流程，成功的企业还必须组织其产品开发人员，有效地实施流程计划。以下将介绍几种用于产品开发的组织，并为如何选择提供指引。

（1）通过建立个人之间的联系形成组织

产品开发组织是一个将单个设计者和开发者联系起来成为团队的体系。个体之间的联系可以是正式的或非正式的，包括以下类型：

①报告关系：报告关系产生了传统的上下级关系，这是组织结构图上最常见的正式联系。

②财务安排：个体通过成为同一个财务实体的一部分联系在一起，如一个商业单元或公司的一个部门。

③物理布局：人们因共享办公室、楼层、建筑或场所而产生联系。这种联系产生于工作中的自然接触，因此常常是非正式的。

任何特定的个体都可能通过不同的方式与其他个体联系在一起。例如，一个工程师可能会通过报告关系与另一座大楼里的另一个工程师联系在一起，同时他通过物理布局与坐在隔壁办公室的一个市场营销人员相联系。最强的组织联系通常是那些涉及绩效评估、预算和其他资源分配的联系。

（2）依据职能和项目之间的联系形成组织

如果不考虑组织之间的联系，个人可通过两种不同的方式进行分类：

①根据职能分类。职能（在组织术语中）指的是一个责任范围，通常涉及专业化的教育、培训或经验。产品开发组织中，传统的职能为市场营销、设计和制造。比这些更精细的划分还包括市场研究、市场策略、应力分析、工业设计、人因工程、流程开发和运营管理。

②根据项目分类。无论职能如何，每个人都会把他们的专业知识应用到具体的项目中。在产品开发中，项目就是一个特定产品开发流程中的一系列活动，如识别顾客需求、生成产品概念。

注意，这两个分类一定是有重叠的：来自不同职能部门的人将在同一项目工作。此外，虽然大多数人都只与一个职能相关，但他们可以为多个项目工作。依据职能或项目之间的组织联系，形成了两种传统的组织结构：在职能式组织中，组织中的联系主要产生于执行相似职能的人之间；在项目式组织）中，组织联系主要产生于在同一个项目工作的人之间。

例如，严格的职能式组织可能包括一组市场营销专业人员，他们共享相似的培训和专业知识。这些人都向同一个经理报告，这个经理将对他们进行评估并设定他们的薪酬。这组人有自己的预算，且在大楼的同一个位置办公。这个市场营销小组可能涉及许多不同的项目，但与每个项目团队的其他成员不会有较强的组织联系。设计和制造也会有类似的小组。

严格的项目式组织由若干小组构成，小组成员来自不同的职能部门，每个小组专注于开发一个特定的产品（或产品线），分别向一个有经验的项目经理汇报，该项目经理可能来自任一职能领域。由项目经理进行项目的绩效评估，团队成员通常会尽可能地安排在同一位置，以便他们在同一间办公室或大楼的同一区域工作。新的合资企业或“创业”企业就是项目组织的典型例子：每一个人（无论其职能）都被安排在同一个项目中（即新企业的创办和新产品的开发中）。在这些情况下，总裁或CEO都可以看作项目经理。当需要专注完成一个重要的开发项目时，新成立的企业有时可以组成一个拥有该项目所需资源的“老虎队”。

矩阵式组织）结构是职能式和项目式组织的混合体。在矩阵式组织中，每个人同时依据项目和职能联系在一起。通常情况下，每个人都有两个上级，一个是项目经理，另一个是职能经理。实际上，在矩阵式组织中，项目经理与职能经理之间的联系更加紧密，这是因为，职能经理和项目经理都没有独立预算的权力，他们不能独立地评估、决定下属的薪酬，并且职能组织和项目组织也不易从形式上组合在一起。因此，无论是职能经理还是项目经理，都有试图占据主导地位的倾向。

矩阵式组织有两种形式：“重量级”项目组织和“轻量级”组织项目。“重量级”项目组织中，项目经理的权力更大。项目经理有完全的预算权，在评估团队成员绩效和决定主要资源分配方面有更大的发言权。虽然项目参与者也属于各自的职能组织，但职能部门经理的权力和控制力相对较弱。在不同的行业，“重量级”项目团队可能被称为“集成产品团队”、“设计构建团队”或“产品开发团队”，这些术语强调了团队之间跨职能的特性。

“轻量级”项目组织中含有较弱的项目联系和相对较强的职能联系。在这种组织结构中，项目经理是一个协调者和管理者。权力较弱的项目经理负责更新进度、安排会议、帮助协调，但他在项目组织中并没有真正的权威和控制力。职能部门经理需要负责预算、人员招聘和解聘以及绩效评估。

在这里我们把项目团队视为主要的组织单位。在这种情况下，团队即参与该项目的所有人，不考虑产品开发成员的组织结构。在职能式组织中，团队包含了来自所有职能小组的人，这些人除了参与共同的项目外，没有任何其他组织联系。在其他组织中，团队对应一个正式的组织实体——项目组，并有正式任命的经理。因此，团队概念更强调矩阵式和项目式组织，而不是职能式组织。

（3）选择组织结构

组织结构的选择取决于对成功最关键的组织绩效因素。职能式组织有利于职能领域的专业化发展，培养出有深厚功底的专家。项目式组织有利于不同职能之间快速、有效的协调。矩阵式组织作为一个混合体，可使职能式和项目式组织的特点都有所体现。以下问题有助于指导组织结构的选择：

①跨职能整合有多重要？职能式组织可能会出现难以协调跨职能领域的项目决策。由于跨职能团队成员间的组织联系，项目式组织使强大的跨职能整合得以实现。

②尖端的职能专业知识对企业成功有多关键？当学科专业知识必须在“儿代”产品中开发和保留时，一些职能联系是必要的。例如，在一些航天企业中，计算流体动力学是非常关键的，因此负责流体动力学的人按职能的方式组织，以确保企业在该领域能力最佳。

③在项目的大部分时间里，是否每个职能的人都可以充分发挥作用？例如，在项目周期的

一小部分时间中，可能只需要工业设计师的一部分时间。为了有效利用工业设计资源，企业可能会采用职能的方式组织工业设计师，以便几个项目可以恰到好处地利用工业设计资源。

④产品开发速度有多重要？项目式组织可以快速解决冲突，并使不同职能部门的人高效、协调地工作。项目式组织在传送信息、分配职责及协调任务上花费的时间相对较少。

因此，项目式组织在开发创新产品时通常会快于职能式组织。例如，消费电子产品制造商几乎都是按项目组织产品开发团队。这使团队可以跟上电子产品市场所要求的快节奏，在极短的时间内开发出新产品。

在职能式组织和项目式组织之间进行选择时，还会有许多其他问题。表 3-1 总结了每种组织类型的优缺点、选择每种策略的例子以及每种方法相关的主要问题。

表 3-1 不同组织结构的特点

	职能式组织	矩阵式组织		项目式组织
		“轻量级”项目组织	“重量级”项目组织	
优势	促进深度专业化和专业知识的发展	项目的合作与管理清晰地指派给一个项目经理，保持专业化和专长的发展	提供项目组织的整合和速度效益，保留了职能式组织的部分专业化	可在项目团队范围内优化分配资源，可迅速评估技术与市场的权衡
劣势	不同职能小组间的合作缓慢且官僚	比非矩阵式组织需要更多的经理和管理者	比非矩阵式组织需要更多的经理和管理者	个人在保持尖端的专业能力方面会存在困难
典型例子	定制化产品，其开发涉及标准的细微变化（如发动机、轴承、包装）	传统的汽车、电子产品和航天企业	汽车、电子产品和航天企业中的新技术或平台产品	创业企业、期望获得突破的“老虎团队”和“黄鼠狼团队”、在有活力的市场中竞争的企业
主要问题	如何将不同的职能（如市场营销与设计等）整合到一起以达成共同目标	如何平衡职能与项目，如何同时评估项目与职能的绩效		如何随着时间的推移保持职能的专业化，如何在项目间分享经验教训

（4）分散的产品开发团队

组织产品开发团队的一个有效方法是将团队成员安排在同一地点工作，然而，现代沟通技术和电子开发流程的使用甚至使全球项目开发团队变得有效。让分散在不同地点的成员组成产品开发团队的原因包括：

①可获取区域市场相关信息；

②技术专家分散；

③制造设备和供应商所在地分散；

④可通过低工资达到成本节约；

⑤可通过外包提高产品开发能力；

⑥尽管选取合适的团队成员远比将成员集中在一处重要，但由于分散距离较远的团队成员之间联系较弱，实施全球产品开发的公司也面临许多挑战。这会导致设计迭代数量的增加以及项目协调的困难，尤其是一个团队新成立时。幸好，有多年全球项目团队经验的组织报告说，随着时间的推移，分散的项目工作起来更加顺利。

二、产品的品质改良创新

（一）产品品质改良的释义

产品的品质改良是对现在正在使用的产品的再设计。这里所提的“品质改良”包含了更广泛的社会意义与内在价值：第一，剔除那些劣质产品。从 20 世纪 80 年代到 90 年代，中国大多数的生产商从快速生产、便宜行事的角度出发，对外来产品进行模仿或稍作修改后，便急忙上市销售。这是社会工业化发展进程中的无奈现象，弊端显而易见。在这种情况下，根本谈不上对产品做品质设计。第二，“品质改良”是不断促使人们留意那些平常感到理所当然的事情，重新审视生活方式，进而更加深刻地理解现代社会的生活。

目前，业界人士对产品品质改良性设计的概念、内容等方面的认识尚处于摸索阶段，常常将它与产品设计的一般概念相混淆，摸不准产品品质改良设计的特性，理不清其特定内容，找不到产品品质改良设计的基本方法。

所谓产品的品质改良原本是针对现有产品的缺陷而设定的。究其真意，产品品质改良设计就是还原产品及其设计的本质和目的，为所有使用者提供更舒适、质量更好、更易使用的产品和更优质的生活环境。

（二）产品品质改良的意义

1. 使产品更加完善、更加人性化

产品品质改良设计的一个基本目标是使产品适合人，而不是让人去适应产品。人本身是一切产品形式存在的依据。产品品质改良设计是在保障产品功能的前提下改进产品的外形设计以符合人机工程一般原理的设计理念。因此，在改良设计的过程中，设计师要对人机工程学的核

心问题——人、机器及环境三者间的关系作细致入微的考虑，这涉及心理学、生理学、医学、人体测量学、美学和工程技术等多个领域。这一研究的目的是运用各学科的知识，来指导工作器具、工作方式和工作环境的设计和改造，使产品在效率、安全、健康、舒适等方面的特性得以提高。

经过改良，产品操作更加简化，使用更为便捷，特性更加凸显，产品的生产、消费和回收的关联也变得更为透明。除此之外，经过改良的产品还会提升人与产品之间的关系，防止没有意义的产品生产。

2. 使制造业得到了良好的发展

为了满足消费者的需求，企业每年要向市场投放许多新产品。其中绝大多数是原有产品经过升级换代等改良后再次投放市场的产品。对企业来说，这是一条投资少、收益快、风险小、成本少的最好发展道路，也是企业减少产品更新周期，快速回笼资金的有效途径。目前，我国大多数中小企业的市场研究力量很薄弱，缺乏技术与设计研究能力，难以实现开发新产品。不少企业把不断地改进原有产品、改良优化现有产品的方式作为企业不断发展壮大的基本道路，对我国大多数中小企业来讲，这也是摆在面前的一条现实可行的发展道路。事实上，世界上大多数大企业的发展轨迹也是遵循这一路径的。产品销售情况的反馈信息是企业进行产品品质改良设计的最可靠资料，设计师可以针对原有产品出现的问题、存在的缺陷进行改良性设计。

3. 加强环保

产品品质改良性设计使产品具有更加先进的技术、更加经济的制造过程和更加人性化的功能与形式。但是，产品改良性设计还是一种产品与环境的系统化设计，它着眼于人与自然的生态平衡关系，在设计过程的每一个决策中都充分考虑到环境效益，尽量减少对环境的破坏。在不断发展变化的生活方式中挖掘产品与外部环境作用的意义，这样才能进行合理的产品定位，使产品的价值最优。产品的改良是用一种更为负责的方法去创造产品的形态，用更为简洁的造型尽可能地延长产品的寿命。

（三）产品品质改良的基本方式与对象

1. 改良的基本方式

“改良”一词含有改进、改观和改变的意思。它的含义：其一是改造物品使用时的不便因素，对产品的原有装置部分的设计进行一定程度的改变。理想的产品改良性设计能把产品的功能及操作方式简单明白地呈现出来，并被使用者准确理解，从而达到提高操作效率的目的。其二是改变旧的样式，使物品面貌一新，更加美观。这是产品对外观造型的设计。但造型并不仅限于物体在感观上可感知的一面，设计师还需关注如何能够满足社会及个人的实用和审美需求。其三是由外因或内因引起的产品结构的任何变化。通俗地说，就是改变产品的内部结构、空间和技术因素。无论是一把椅子，一个茶壶或者是一个电子产品，要想更有效地发挥其功能及产品的特性，就要对其进行仔细研究，以便合理地进行改造。

2. 改良的对象

在对现有设计案例进行剖析的基础上，我们认为产品品质改良设计的内容主要包括使用方法的改良、使用功能的改良、产品外形的改良与产品结构的改良。

使用方法的改良是指对导致产品使用时出现不合理、不方便的方法设计进行改良。比如，汽车手动操控向自动操控的改变，改变了汽车的驾驶方法，也提高了操控的效率。

使用功能的改良针对的是产品使用时所能达到的效率。在使用过程中，人们感觉到现有产品还没有达到应有的效率，经过改良后，功率和效能才能达到高品质。比如说，按现有的飞行器的速度，人类需要一年时间才能到达火星，为了缩短飞行时间，人们需要对飞行器的飞行效能进行改进，加快速度，从而减少人们等待的时间。

产品外形的改良是指对产品的外部造型进行改造，随着科学技术的不断进步，生活水平的不断提高，人们对产品外观的审美需求也越来越高。为了满足使用者的生理和心理需求，产品在使用功能和外观设计上就需要不断更新换代。

产品结构的改良是指对产品内部结构和外部结构的改进。产品的内、外部结构对产品的使用功能、外观造型有直接影响，它是产品形态的“骨架”，是产品功能的“肌肉”，牵一发而动全身。因此，当产品的功能和外形需要改良时，产品的内、外部结构也会随之改变。反过来，当产品的结构影响其使用功能时，必须改变产品的整体结构或局部结构。

（四）产品的品质改良——性能的改良

产品的性能改良是指改变产品的主要特点，提高产品对设计要求的满足程度。不同的数码配件具有不同的性能，其用途也不尽相同。如音乐伴侣（音频发射器）是通过音乐播放器发射一定的频段到车载音箱上的。录音器、分频线也是如此。电风扇生产商在产品说明书上标有风量和风速指标，要求产品性能指标与标准一致，以使电风扇的风量和风速达到其应有的使用效果。

只有经过对产品各项性能指标的综合评价后，才能充分显示产品性能的质量水平，以满足消费者的需求。例如，电冰箱只有在各项制冷性能（如储藏温度、冷冻能力、化霜性能、负载温度回升时间或保温性能、耗电量等）指标均能达到国家标准的前提下，才能体现该产品的整体性能质量，而不仅是单一指标的高低。

1. 产品的使用不受限制

经过调查，能够在不同状态下随心所欲使用的产品特点表现在以下几个方面。

①在使用方法上不受拘束。在产品设计中，产品的使用方法有一个潜规则：产品要让所有人都能够找到适合自己的舒适性操作方法。体温计就是这样一种产品，它要保证不同的人（如成年人、老人、妇女、儿童以及婴儿）在各种状态下都能舒适地使用，并且可以正常发挥其功能。

②能够适应左右手的使用习惯。一般来说，大多数人是右手操作，也有相当一部分人为左撇子。除非有某种特殊理由，产品必须兼顾二者的使用感觉，不致引起左撇子在使用时的不适。

比如，在设计乒乓球拍时就需要考虑让左右手操作的人都能随心所欲地去挥拍、击球，将个人技巧发挥到极致。

③能够满足特殊人群的特殊需要。有的产品还会遇到一些特殊的使用者，如老人、小孩等。这些人因年龄、身高、体量等因素的不同，对产品的使用有特殊的要求。如儿童自行车往往是低龄孩童提高身体平衡能力的重要途径，这需要在后轮两边附加两个小轮子，以满足初学儿童的需要。

2. 隐藏产品中可能导致危险的因素

隐藏产品的危险性因素，改变产品的使用方式，使产品与使用者的能力、缺陷和需求之间建立更加和谐的联系，这是产品性能改进的一个重要方面。随着社会文明程度的提高，产品的安全性将受到全社会的重视。

为了避免使用者触碰那些可能导致危险的装置，产品不仅要有清楚的标识，而且要在构造上考虑配置方式的隐蔽性。最好的隐蔽方式是将操作装置与相应的功能装置分离。因此，安全因素的改进性设计内容主要包括三个：一是对影响产品安全的潜在因素分析；二是对相关危险因素进行警示；三是将操作装置与相应的功能装置分离。

有些物品在使用过程中很容易导致意外、失败、受伤、耽误操作等状况。比如人们在操作外露的电源设备时极易误触带电装置（如带电的按键），其危险性是明显的。我们应该预先将这些操作部分隐藏到手不易碰到的地方，并隐藏那些不需要暴露的零件。事实上，现实生活中存在着诸多这样的状况或问题，如汽车车门的安全装置、设有安全装置的自动车门、门的开启按键和把手分离的配置等。

3. 产品更好用与更耐用

不管是使用多么方便的产品，如果无法让使用者安心，就不能说是一件好的产品。可以说，产品的故障发生率低、耐久性强、舒适度高，几乎是所有产品设计师追求的目标。

随着高科技电子技术的进步，精密加工技术的高度发展，新产品，特别是高性能的新产品不断涌现。好用又耐久的问题在产品的改良性设计中自然而然地摆在了设计师的面前。在任何场合中，都可能因为一个小小的问题或细节导致使用者的不便。

比如椅子的设计。一个人背靠着坐在椅子上时，他的上背部分是向后的，而下背部分是前曲的。这就在座板和下背部之间形成了一个空间，使人们在坐椅上形成背部下陷弯曲这种不健康的坐姿。

问题是每个人的脊椎就像每个人的指纹一样是独一无二、各不相同的。事实上，人人都有各自独特的“脊椎纹”，人的脊椎纹随着人的坐姿变化（如坐上、坐下、背靠等）而变化。当人们脱离靠背，手臂悬空时，每一种坐姿都需要椅子提供固定的支撑。此时，体重的压力由脊柱承担，结果会导致腰背肌肉疲劳酸痛，或因腰肌放弃维持直坐的姿势而塌腰驼背，或因手腕抵在桌沿而引发腕关节综合征。这些状况势必引出人与器械之间的合理化问题。具体而言，设计师设计的椅子必须适合人体的各种客观条件，使人在使用时感到舒适。因此，轻巧、灵活、使用方便是椅子设计的主要诉求。常用的解决途径是使用轮轴和弹簧装置。轮轴能够轻易移动椅子的位置，而弹簧装置能够满足人的脊椎随意变换角度的要求。

另外，大多数人自然而然地使自己靠近桌边，因为，这一区域为工作者提供了最佳的工作状态和视觉效果，使人们工作起来更加方便，看得更加清楚。可是，当身体靠背坐着时你就远离了最佳的工作区域，其结果是你拉紧了身体，斜眯着眼睛费力观察，容易产生疲劳。

模拟人类的背部结构的靠背技术，让椅子的靠背随着人体背部的活动而活动，给人体提供了全方位的支撑和保护。IDEO 公司要将此技术应用于机械制造，其关键问题就是如何使椅子保持椅子原来的面貌。该设计采用了一个最直率的办法，即在设计中采取裸露椅子的部件的方法，并取得了椅子机械构造设计上的成功。设计师不再掩藏椅子的机械构造，或把装置部分掩饰在别的结构后面，而是把这些部件恰到好处地显露出来，这样能更直观、准确地发挥每一个构造的功能。

4. 对产品结构的改进

很多物品的外部结构和内部结构是融为一体的，具有这样结构关系的产品能够明确地显露各自的功能特征。例如杯子、曲别针、书、锅碗瓢盆、刀具、桌椅板凳等。杯子一般由圆柱形杯体和把手构成。圆柱形杯体的上口面通常为圆形，供人们饮用液体。但是，这样的圆形口面倾倒时容易洒水，很不方便，特别是用于盛烹调油的杯子更是如此。如果在圆形口面的局部增加一个锥形或嘴形造型，就能避免倾倒液体时的不便。圆柱形杯体的上口面有时会加一个盖子，以增强杯子的保暖或防溅性能。

产品功能的变化会使产品的结构产生变化，但是，产品的结构变化不一定会引起产品的功能变化。比如弹簧椅子的靠背构架部有一个基干托着。这个基干呈环形臂柄，其两头控制着椅子上背部和下背部所承受的压力。这个基干一旦受压，自然地沿着滑翔系统使坐者靠向椅背，椅子就会向前移动。因此，弹簧椅子并未增加椅子的功能，而是增强了椅子的舒适性。

（五）产品的品质改良 —— 功能的改良

1. 产品使用功能的改良

产品功能的改良是对既有产品进行产品效能方面改变的改良性设计，以满足环境和生活方式的变迁，并适应新技术带来的新功能。

所有既有产品的使用功能都有缺陷。比如，用于防震的担架救护车在具体的使用过程中并不如意：普通的担架车在城市里使用不存在道路不平的问题，但在乡村的紧急救援中就会遇到山路不平的情况，导致担架车在急行中产生明显的震动，影响伤员的病情。要解决这个问题，就要改变担架车的平台与脚架的连接装置。具体的方法是在担架车的双脚与担架之间加上弹簧，以支撑担架，减缓行进中的震动。

功能方面的失误经常出现在一些多功能产品的使用过程中，因为其中的某一功能往往只适合某一状态的操作，而在其他状态下则会产生不同的效果。如果产品的操作方法多于控制器的数目，有的控制器就会被赋予双重功能，功能失误也就变得越来越难以避免。如果产品上没有显示目前的功能状态，需要使用者去回忆，那就很容易产生这类错误。要想避免功能状态层面上的操作失误，就应当尽量减少产品的功能状态，或是将功能状态在产品上准确、清晰地显示出来。

改变产品功能的方法有两个：一是尽量或者严格限制产品功能的增加。除非是绝对的需要，否则不要增加功能。因为一旦加入了新功能，就不可避免地增加控制器的数量，操作的步骤和说明书的字数也会增多，这样会造成使用者的困惑。二是对功能进行组织，将功能组件化，可以将其分成几个组，把每组放置在不同的位置，每一个组件包含一定量的控制器，掌管某一类功能。在通常意义上，对功能进行正确的分类，就能够克服功能的复杂性问题。

人们已经习惯长期按自己的行为方式来使用某件产品。如果采用新的使用方式，那么，原使用功能和使用方式未必适合这种新方式。因此，我们只有彻底地改变这种习惯，才能找到改变产品功能的理由和设计方案。

2. 多功能的改良

在一些产品中，由于最初设计时的功能较为单一化，当消费者在体验时会感觉到难以满足自己需求。对于这类产品，就要求设计师改进原有产品，将其改造成多功能产品。

经过市场调查，我们发现目前大型超市、卖场、专卖店都出售各种水杯，造型丰富、款式新颖、色彩多样、种类齐全。但是，在如此琳琅满目的柜台前，竟然找不到一种可以提供多项选择的水杯。消费者在使用产品时会产生新的欲望，比如孩子们就喜欢同时喝两种以上的瓶装饮料。面对他们挑剔的小嘴，设计师可以提供具有多项选择功能的水杯，以满足不同人群在不同场合的多种需要。比如，设计一款多功能饮水瓶必须符合市场的需要，也要符合青少年的特点。另外再增添功能和趣味感造型，就可以扩大市场需求，满足更多人的需要。如果材料为透明塑料，还可以提高能见度，更加时尚。

第四章 产品设计的结构与造型

第一节 产品结构设计的内容与影响因素

一、产品结构设计的内容

（一）产品结构的类型

结构是指产品各组成元素之间的连接方式和各元素本身的几何构成。结构设计就是确定连接方式和构成形式，其基本要求是用简洁的形状、合适的材料、精巧的连接、合理的元素布局实现产品的功能。产品结构的类型主要分为以下两类。

1. 外观结构

外观结构不仅仅指外观造型，还包括与此相关的整体结构，也可称为外部结构。外观结构是通过材料的合理选用和结构形式来体现的。一方面，外观结构既是外部形式的承担者，同时也是内在功能的传达者；另一方面，通过外观整体结构使元器件发挥核心功能，这是工业设计要解决的问题。而驾驭造型的能力，具备材料和工艺知识及经验，是优化结构要素的关键所在。

2. 核心结构

核心结构是指依某项技术原理而形成的具有核心功能的产品结构，也可称为内部结构。核心结构往往涉及复杂的技术问题，而且属于不同的领域和系统，在产品中以各种形式产生功效，比如功能块，或者是元器件。如家用空调机的制冷系统是作为一个部件独立设计生产的，可以看作一个模块。通常这种技术性很强的核心功能部件是要进行专业化生产的，生产的厂家或部门专门提供各种型号的系列产品部件，工业设计就是将其部件作为核心结构，并依据其所具有的核心功能进行外观结构设计，使产品具有一定性能，形成完整功能的产品。

（二）产品结构的构成

任何一个结构比较复杂的产品、按照结构的观点，均可视为由若干零件、部件和组件组合而成。

1. 零件

零件又称元件，是产品的基础，是组成产品的最基本成分，是一个独立的不可分解的单一整体，是一种不采用装配工序而制成的成品。零件通常是用一种材料经过各种加工工序制成的，如螺钉、弹簧、垫圈等。

2. 部件

部件又称器件，是生产过程中由加工好的两个或两个以上的零件，以可拆连接或永久连接的形式，按照装配图要求装配而成的一个单元。其目的是将产品的装配分成若干初级阶段，也可以作为独立的产品，如滚动轴承、减振器等。

3. 组件

组件又称整件，是由若干零件和部件按照装配图要求，装配成的一种具有完整机构和结构，能实施独立功能，能执行一定任务的装置，从而将比较复杂产品的装配分成若干高级阶段，或作为独立的产品，如减速器、录像机机芯、液晶显示屏等。

4. 整机

整机是由若干组件、部件和零件按总装配图要求，装配成的完整的仪器设备产品。整机能完成技术条件规定的复杂任务和功能，并配备配套附件，如洗衣机、电话机、摄像机、电视机等。

（三）产品对结构的基本要求

产品对结构的基本要求，可概括为以下几个方面。

1. 功能特性要求

功能特性是产品结构设计中最根本的技术要求。它具体是指执行机构运动规律和运动范围的要求。

2. 精度要求

这是产品结构设计中最重要的技术要求。它具体是指对执行机构输出部分的位置误差、位移误差和空间误差的严格控制。以产品的尺度精度为例进行说明。尺寸精度设计主要包括几何精度设计的原则和几何精度设计的基本方法两项内容。

（1）几何精度设计的原则

保证机械产品使用性能优良，而制造上经济合理，尽可能获得最佳的技术经济效益。

（2）几何精度设计的基本方法

①类比法。按同类型机器或机构，经过生产实践验证的已用配合的实际情况，再考虑所设计机器的使用要求，参照确定需要的配合。类比法是最常用的方法。

②试验法：对产品性能影响很大的配合，用此方法来确定机器的最佳工作性能的间隙或过盈。试验法需大量的试验，成本较高。

③计算法：根据一定的理论公式，计算出所需的间隙和过盈。由于影响间隙量和过盈量的因素很多，理论计算的结果也只是近似的，所以，在实际应用中还需经过试验来确定。

3. 灵敏度要求

执行机构的输出部分应能灵敏地反映输入部分的微量变化。为此，必须减小系统的惯量、减少摩擦、提高效率，以利于系统的动态响应。不同产品对灵敏度的要求不一样，应根据产品的实际情况制定。

4. 刚度要求

构件的弹性变形应限制在允许的范围之内，以免因弹性变形导致运行误差，影响系统的稳定性及动态响应。例如日常生活和生产中，大量的产品均属于单功能固定式结构。

5. 强度要求

构件应在一定的使用期限内不产生破坏，以保证运动和能量的正常传递。不同的产品其要求的强度不一样，请参考相关资料。

6. 各种环境下的稳定性要求

系统和结构应能在冲击、振动、高温、低温、腐蚀、潮湿、灰尘等恶劣环境下，保持工作的稳定性。

7. 结构工艺性要求

结构应便于加工、装配、维修，应充分贯彻标准化、系列化、通用化等原则，以减少非标准件，提高效益。

8. 使用要求

结构应尽量紧凑、轻便，操作简便、安全，造型美观，携带、运输方便。

二、产品结构设计的影响因素

对于产品造型设计中的结构问题，需要从多方面入手。以下将从力学、材料学、工艺性、人机工程、携带及运输等方面讨论产品结构设计过程中需考虑的结构问题。

（一）结构与力学

就产品而言，从船舶、飞机、庞大的设备到玩具、日用品、小家电，都有结构和力学的关系。

在结构设计中，需要对其构件之间的连接、配合和约束进行受力分析，以确定合理的结构形式。因此，可以说力学是结构设计的重要因素之一。

结构中的力是通过构件之间的相互作用来反映的。结构越复杂，受力关系越复杂。从产品工作的可靠性出发，其结构中的每一个部件都涉及强度、刚度、稳定性等力学问题。从产品设计的角度来说，除了外观设计，更重要的是考虑产品的功能，而对于一些家用电器、玩具、家具、日用品等，外观和结构问题更重要。有些结构单一的产品涉及构件内部布局的力学问题，而结构复杂的产品则需要分析构件之间复杂的受力状态。

（二）结构与材料

在产品结构设计中，对材料特性的理解和合理运用非常重要。随着科学技术的发展，新材料层出不穷，为现代设计提供了取之不尽、用之不竭的物质源泉。

相同功能的产品在不同的应用场合由不同的材料制成，由于使用条件和材料的性质（如机械性能、可制造性和经济性）不同，其结构也是多样的。接下来以日常生活和办公用品中经常接触到的竹夹、塑料夹、活页夹为例，简要分析介绍材料与结构的关系。

从演变过程来看，结构相对简单的竹夹出现的比较早，因为取材方便，资源丰富，价格低廉，应用广泛。其主要缺点是稳定性差，弹簧结构复杂，使用功能中两个夹子容易错位，体积庞大。由于竹子特性的限制，做工一般比较粗糙。

由于塑料夹是用模具成型的，表面光滑，款式美观，色彩丰富，结构合理，操作力适中，弹簧结构简单，适合大批量生产，价格低廉。但是塑料有老化的特性，使用寿命在一定程度上是有限的。

活页夹由薄钢片和粗钢丝冲压而成，结构简单，夹紧力大，适合大批量生产，成本低。由于开口大，可旋转的压紧钢丝，除一般用途外，最适合装厚纸，并能使压紧钢丝紧贴纸面转动，使用方便，占用空间小。

（三）结构与工艺性

在产品开发过程中，产品设计和制造过程是不可分割的两个重要环节。片面追求造型需求而不了解生产过程中的工艺要求，往往会使设计方案难以实现，或者制造成本成倍增加，最终使好的创意难以实现。

产品生产的可制造性包括装配和制造。以下分析结构与可制造性的关系，重点讨论产品生产过程中与装配和制造相关的设计问题。

1. 结构与装配工艺

产品的装配技术主要是解决从零件到产品的过程的便利性。这里以系统组装原理为例进行讨论。系统组装的原理主要体现在以下几个方面。

（1）通过功能模块减少制造部件的数量。通过对组成产品的多个组件的考察，分析一个组件在功能上是否可以被相邻组件包容或替代，或者考虑通过新的制造技术将多个组件合并为一个。比如早期汽车的仪表盘是用钢板做的，结构复杂，零件众多，造型呆板。选择注塑工艺后，可以一次注塑多个部件，组装后形状更加丰富。再比如采用喷射叶轮的风机，将原来的几十个零件减少到几个零件，具有结构紧凑、重量轻、能耗低、运行稳定等优点。

（2）确保零件的装配方向向外或敞开。避免零件的紧固结构或调节结构出现在狭窄的空间内，以便于操作。

（3）设计方便定向定位。部件之间要相互连接，以便快速直观的组装，可以通过颜色标注或者插件结构来实现。

（4）均匀设计。尽量选择标准件，减少规格，以减少装配误差，节约零件成本。

2. 结构与制造工艺

产品的制造工艺性主要是解决由原材料到零部件这一过程的可实现性。每一种不同的零件因其具体结构和使用的材料不同，可以有不同的加工方式。如壳体结构设计、注塑壳体、冲压壳体、焊接壳体、铸造壳体、连接与固定结构设计等方式。由于篇幅限制，这里不进行详细论述。

（四）结构与人体工程学

1. 人体工程学概述

人体工程学是20世纪中期发展起来的新兴综合性学科，目前广泛应用于各个行业的设计领域。近年来在建筑设计及环境艺术设计领域，得到了广泛应用。

人体功效学强调“以人为本”，提倡高效细致地为人服务。在当今社会中，深入分析人类在社会生活和生产活动中的各种行为规律，探讨人类与所操作的机器（仪器、武器装备、各种设备、家具）之间、人类与所使用的产品（车、船、机内舱空间，建筑空间）之间的相互协调关系，分析研究其内在的规律，进行人性化的科学设计，以期最大限度地减少疲劳、提高功效，舒适、健康、安全地进行各种工作、生产和日常生活活动。

人的因素对产品结构设计的影响表现在以下几个方面：

（1）人体尺寸影响结构尺寸；

（2）使用姿态影响结构形式；

（3）人体力学特征影响操纵结构形式；

（4）人的认知特点影响结构的显示形式；

（5）人的心理需求影响结构的表现形式。

2. 人的认知特点与结构设计

产品的认知是指产品对感觉器官的刺激转化为产品使用的体验或记忆，是一系列接受、解释、加工、反应的过程。认知包括感知、信息处理和反应。通过认知过程，达到运营目的。运营，作用于产品和产品运营，获得产品信息反馈，形成感知反馈，再通过信息处理和反应的认知过程从而反复运营，实现产品功能，满足用户需求。

3. 人的心理需求与结构设计

产品设计的目的是满足人们的需求。随着经济的发展，生活水平的提高，人们对产品的需求不仅仅是“能用”，在某种程度上，人们对情感的需求甚至超过了对物质的需求。设计并不是完全意义上的艺术创造，因为设计师不仅要在设计中表达自己的情感，更重要的是通过设计最大限度地满足消费者的心理需求。需求心理学是心理学中非常小的一个分支，它是在综合消费心理学、认知心理学、人机工程学等学科的分析研究中建立起来的理论。其主要理论来源是马斯洛的需求层次理论。在这个理论中，人的需求分为五个层次，即生理需求、安全需求、社交需求、尊重需求和自我实现需求。从某种意义上说，正是因为有人的需求心理，才会有相应的设计，设计也能根据人性引导消费者以什么方式消费。如果没有设计中的需求心理学知识，设计师往往会误解设计中要解决的主要问题是否符合人们对这个设计的心理偏好。对人的需求心理的研究，可以形成初步的需求心理学理论，通过对现实消费群体的心理需求的调查分析，借助认知心理学、消费心理学、设计心理学和人机工程学的理论知识，研究产品结构设计，指导设计师设计出更人性化、更赏心悦目的产品。

4. 人体尺寸与产品结构

人体测量数据包括人体的各部分静态尺寸、动态尺寸、人体重量、操纵力等一系列统计数据，为产品结构尺寸设计提供依据。

5. 使用姿态与结构设计

好的产品设计能够使人在使用过程中保持健康的姿态，既可以保证高操作效率，又可以保持较长时间操作不会带来对人体的伤害，如酸痛、肌腱炎、腰椎间盘突出、颈椎病、局部肌肉损伤等，简言之，是一种舒适的、高效的姿态。基本原则是避免肌肉及肌腱处于非顺直状态（如手腕的尺侧偏、桡侧偏、翻腕等），避免肌肉长时间处于紧张状态，避免神经、血管丰富部位（如掌心、膝盖窝等）受压及直接遭受振动，避免由于设计原因导致非工作肌群着力，如抬肩、弯腰、塌背、长时间站立，结构应具有灵活性，以便调整或变换姿态等。

6. 人体力学特征与结构设计

人体依靠肌肉收缩产生运动和力量，可以完成多种复杂动作。在日常生活中，人们经常需要用四肢来使用或操作一些仪器或装置，所用的力称为操纵力。手法力量主要指手臂力量、握力、手指力量、腿部力量或四肢的足部力量，有时也会用到腰部力量、背部力量等躯干力量。操纵力与很多因素有关，如身体部位、用力的方向、人在用力时的姿势和位置、用力时对速度、频率、持久性和准确性的要求等。

第二节　产品造型设计与体验

一、产品造型活动的认知

（一）型与形的认知

“型”是语言学中比较常用的词，属于范畴概念。其本义是指铸造器物的土质模子，引申出式样、类型、楷模、典范、法式、框架或模具的意思，如“新型”“型号”。型可分为形和性。形指的是句法层面，性指的是语义特征。“让我百度一下”中“百度”在句法层面上归属于动词的形式，在语义层面上应该化为名词性。所以形与型的区别在于：形表示样子、状况，如我们近些年的冬天都会买“廓形”的大衣，这里的“廓形”就是此意；型表示铸造器物的模子、式样。

当然，结合不同的组词方式和语境，它们的意义会更加容易区分。比如，“原形”是指原来的形状，引申为本来的面目，如原形毕露；“原型”指文艺作品中塑造人物形象所依据的现实生活中的人，在界面设计和产品设计中也经常会用到“原型设计”这一环节。这里所要解决的造型问题，是通过视觉的经验传达，将信息接收或传输转换成有意义的形，并且具有某种象征意义，经过思维的转换，表达出可视、可触、可观的成形过程。所以，本节中提到的产品造型主要是针对产品外观形态的设计，同时解决产品功能与形式的综合协调问题。

（二）造型活动的来源

造型与人类的起源几乎是同步的，生活之中处处存在造型，设计者可以从视觉、触觉、知觉等感官体验中，体会和感受时间与空间上造型带给我们的不同效果，使我们生活在充满造型洋溢的氛围之中。

生活的本质是促使造型发展的动力之一，从原始人类的生活可见一斑。从旧时器时代开始，人们的生活就与造型艺术结下深缘，而造型文化就此萌芽。人类为了维护与大自然相互依存的关系，用手工打制器物，发明了燧石、刀、矛等，用来打猎、谋生、饮食，以辅助生活所需。进入新石器时代后，畜牧与农耕使人类对造型的要求发生变化：人类进化为群居的生活方式，促使人类对造型有了新的认知，当然也包括生活经验与个人信仰，进而对造型有了进一步的认识，在食、衣、住、行等各个方面都产生了相当大的文化冲击。与此同时，世界各地的造型文化不约而同地展开，基于差异化的生存条件、地理环境等因素的影响，人们对造型的机能性要求也就不同。

二、产品造型设计的概念与范围

产品造型设计的概念和范围是指基于特定材料产品的功能，在结构、造型、色彩和外观处理方面的创造性活动。作为艺术与科技的结合体，无论是外观还是完整的产品设计或其他相关设计，都必须解决包括形状、色彩、空间等元素在内的基本造型问题。由此看来，形态学是一切造型设计的基础，贯穿一切造型活动之中。造型设计正是基于此，将技术、材料、工艺融为一体，形成系统的和谐之美。

产品造型的设计范围主要包括原理、材料、技术、结构、肌理、色彩。

三、产品造型设计的目的与设计原则

（一）产品造型设计的目的

人类在生活上的各种行为模式都有其目的，如穿衣是为了蔽体与保暖，搭车是为了希望到某个地方去，居住是为了休息，商业行为的销售是为了将商品卖给消费者等。对造型的行为而言，也有其目的性，只是目的性的表现程度不同，对造型的影响程度也有所不同。

造型的目的包含美观性、实用性、创造性和经济性。美观性给人带来心灵的愉悦和视觉的冲击，设计除了要求视觉上的美观之外，还要求具有实用性与机能性，这些要求与造型的要求是相同的。造型与设计是密不可分的，从绘画、工艺、建筑等作品中可窥其奥妙，简而言之，设计与造型满足了人类生活的需求，使人们的生活变得更加便利及舒适。

（二）产品造型设计的原则

产品造型设计的原则主要体现在以下几个方面。

1. 产品形态应清楚表达产品的功能语意

满足操作功能和人机工程学的要求。工效学的研究方法包括测量人体各部位的静态和动态数据；调查、询问或直接观察操作过程中人的行为和反应特征；时间与行动的分析与研究；测量手术前后和手术过程中人的心理状态和各项生理指标的动态变化；观察和分析作业过程和工艺流程中存在的问题；分析错误和事故的原因；用计算机进行模型实验或模拟实验；用数值和统计的方法找出变量之间的关系，从而得出正确的结论或发展相关的理论。将这一原理应用于产品设计中，运用人性化设计的思想和人机工程学的原理，充分考虑使用者的生理需求、生理尺寸和操作方式，使设计作品符合人的生理尺寸和动态尺寸。

2. 产品形态应与环境和谐相处

对材料的选择、产品的生产以及将来报废后的回收，都要考虑对生态环境的影响。对于绿色产品的设计，在生产过程中尽可能使用生态技术，实现生产过程中资源的合理充分利用，保持生产过程在生态意义上的清洁，选材无毒无害、不污染环境，降低成本，使用过程中不产生危害人体健康的光、声、热等污染源，是基本保证。绿色设计不仅要在工艺材料上考虑环保，还要考虑人的心理需求和精神文化需求。绿色健康的设计给人视觉、触觉、色彩等美好、舒适、健康的感受，并给人带来一定的心理满足，使人感到愉悦，从而满足用户的精神文化审美需求。

3. 产品形态应具有独创性、时代性和文化性

高品质的产品形态能准确传达形态语意，“形态”是一种语言符号，“形态语言”是思想交流的工具。语义设计有三个方面：设计者、设计物和使用者。为了使设计意图和信息能够顺利地被用户理解和接受，设计师在设计之前要对形态因素的语言使用情况进行分析，这就是所谓的形态语境分析。产品形态的表达实际上是一系列视觉符号的传递。产品形态语义设计的本质是对各种造型符号进行编码，综合产品的形状、色彩和材质。

四、产品造型设计的基本流程

产品造型设计的基本流程主要体现在以下几个阶段。

（一）造型准备阶段

在设计新产品或改造旧产品的初期，为保证产品的设计质量，设计人员应进行全面的调查，主要包括以下几点：充分了解设计对象的用途、功能、用途、规格、设计依据、有关技术参数和经济指标，收集大量这方面的有关资料；深入了解现有产品或可借鉴的产品，产品的形状、颜色、材质，该产品采用的新技术、新材料，不同地区消费者对产品风格的好恶，市场需求、销售、用户反映等。

设计师要充分利用勘测数据和各种信息，得到合理的方案，运用创造性的方法绘制概念草图、预测图或效果图，从而产生多种多样的设计创意。

总体来说，造型准备阶段需要注意以下两个方面：

（1）趋势研究，全面了解设计对象的目的、功能、规格、设计依据及有关的技术参数、经济指标等内容。

（2）视觉趋势分析与文化扫描，深入了解现有产品或可供借鉴产品的造型、色彩、材质、工艺等情况，分析市场需求、消费者趋势研究等相关数据。

（二）造型创意阶段

运用创新思维的方法进行产品造型设计。创新思维的方法一般包括功能组合法和仿生创造法。

功能组合法是将产品的多种功能组合在一起，形成一种不改变本质的创意产品的方法。仿生创造法是通过对自然界中的各种生命形态的分析，形成一种具有丰富的造型设计语言的方法。设计者以自然形态为基本元素，运用创造性的思维方法和科学的设计方法，通过分析、归纳、抽象等手段，把握自然事物的内在本质与形态特征，将其传达为特定的造型语言。产品造型设计中的高速鱼形汽车、仿鸟类翅膀的飞机机翼、仿植物形态的包装造型设计等都是模拟某些生物形态，经过科学计算或艺术加工而设计的。

另外也可根据一个主题，采用提问的方式，比如为什么这么做？如何做？应该注意哪些问题？通过一系列问题制作针对性较强的思维导图，做头脑风暴的思维训练。

头脑风暴的具体做法如下：

①单一主题。

②游戏规则是不要批评，鼓励任何想法。

③主会者应善于对议题进行启发与转化，避免参会者陷入一个方向而不能自拔。

④给想法编号。

⑤空间记忆。将所有想法记录贴在墙上，辅助记忆。

⑥热身运动。在开始讨论前先做些智力游戏，伸展“心灵肌肉”。

（三）造型定型阶段

1. 创意草图

这一环节的工作将决定产品设计的成本和产品设计的效果，所以这一阶段是整个产品设计最重要的阶段。此环节通过思考形成创意，并快速记录这一设计初期阶段的想法，常表现为一种即时闪现的灵感，缺少精确尺寸信息和几何信息。基于设计人员的构思，通过草图勾画方式记录，绘制各种形态或者标注记录下设计信息，确定三至四个方向，再由设计师进行深入设计。

2. 产品平面效果图

2D 效果图将草图中模糊的设计结果确定化、精确化。通过这个环节生成精确的产品外观平面设计图，可以清晰地向客户展示产品的尺寸和大致的体量感，表达产品的材质和光影关系，是设计草图后更加直观和完善的表达。

3. 多角度效果图

多角度效果图，让人更为直观地从多个视觉角度去感受产品的空间体量，全面地评估产品设计，减少设计的不确定性。

4. 产品结构草图

设计产品内部结构，包括产品装配结构及装配关系，评估产品结构的合理性，按设计尺寸，精确地完成产品的各个零件的结构细节和零件之间的装配关系。

（四）产品色彩设计阶段

产品色彩设计是为了解决客户对产品色彩系列的要求，通过计算机调配出色彩的初步方案，来满足同一产品的不同色彩需求，扩充客户产品线。

（五）产品标志设计阶段

产品表面标志设计将成为面板的亮点，给人带来全新的生活体验。VI 在产品上的导入使产品风格更加统一，简洁明晰的 logo，提供亲切直观的识别感受，同时也成为精致的细节。

五、形式美法则在产品造型设计中的运用

秩序感在形式当中体现为几种具体的规律，比如变化与统一、对比与协调、韵律与节奏、

对称与均衡、比例与尺度、稳定与轻巧。这几种规律能够表达或突出秩序感的规律，被称为形式美的基本法则。这些法则一方面可以帮助初学者更快地在抽象或具象的对象物当中发现秩序，从而把握美的规律与奥秘；另一方面将引导初学者依循着正确的方法去创造美。

（一）变化与统一

变化与统一是世界万物之理，也是最基本的形式美法则，不论其形式有多大的变化和差异，都遵循这个法则。

变化是指由性质相异的要素并置、组合在一起，从而形成一种对比显著的视觉效果。变化可突出活泼、多样、灵动的感觉。要达到变化的效果，需要将产品的造型、构图、色彩以及处理手法等统一于整体中，同时又要具有相对的对立性，各元素既相互关联，又相互独立，通过差异性的显现，来寻求丰富的变化。形态的大小、方圆，线条的粗细、长短，色彩的明暗、灰艳等差异，都是变化的具体体现。

统一的手法就是在设计中寻找各要素的共性，如风格、形状、色彩、材质和质感等，在这几个要素统一协调的基础上，根据创意表达的重点进一步设计，表现产品特点，丰富产品的层次和内涵。变化是指由性质相异的相关要素并置、组合在一起，从而形成一种对比显著的视觉效果。

对于产品而言，统一且变化的秩序感意味着从整体上看是统一的，不论是形态、结构、工艺、材质还是色彩，但从每一个细节入手观察，又会发现更多细微的调整与变化。变化增加了统一的趣味性，同时也丰富了秩序的内涵。

（二）对比与协调

对比与协调可以丰富产品造型的视觉效果，增加元素的变化和趣味，避免造型的单调和呆板。在创意产品造型设计中，对比与协调作为一种艺术的处理手法融入产品造型各组成要素之间。

对比是针对各要素的特性而言的，对比就是变化和区别，突出某一要素的特征并加以强化来吸引人们的视线。但对比的运用要恰当，采用过多的话会导致造型显得杂乱无章，也会使人们情绪过于异常，如激动、兴奋、惊奇等，易产生视觉疲劳感。

协调是强调各构成要素之间的统一协调性，协调的造型给人稳定、安静感。但如果过于追求协调则可能使产品造型显得呆板。因此，在创意产品造型设计中，处理好这两者之间的关系是设计成功的重要因素。

在产品设计中，通过不同的形态、质地、色彩、明暗、肌理、尺寸、虚实以及结构与工艺等方面的差异化处理，能使产品造型产生令人印象深刻的效果，称为整体造型中的视觉焦点。

对比是产品造型设计中用来突出差异与强调特点的重要手段。对比不是目的，产品形态的整体协调才是设计者希望实现的最终效果。设计者在运用对比手法强调形态的视觉焦点时，要注意把握好度，以整体协调作为衡量的标准，注意防止过犹不及。古语中的“刚柔并济”“动静相宜”“虚实互补”等，都是说明对比与协调的相互关系的。设计者在大胆尝试对比使用各种不同性质的形式要素时，要注意产品整体的协调感。

（三）韵律与节奏

韵律和节奏又合称为“节奏感”。生活中的很多事物和现象都是具有韵律和节奏感的，它们有秩序的变化激发了美感的表达。韵律美的特征包括重复性、条理性和连续性，如音乐和诗歌就有着强烈的韵律和节奏感。韵律的基础是节奏，节奏的基础是排列，也可以说节奏是韵律的单纯化，韵律是节奏的深化和提升。排列整齐的事物就具有节奏感，强烈的节奏感又产生了韵律美。

节奏表现为有规律的重复，如高低、长短、大小、强弱和浓淡的变化等。在创意产品设计中，常运用有规律的重复和交替来表现节奏感。韵律是一种有规律的重复，建立在节奏的基础上，给人的感觉也是更加生动、多变、有趣和富有情感色彩。

在产品造型设计中，多采用点、线、面、体、色彩和质感来表现韵律和节奏，来展现产品的秩序美和动态美。尤其在一些创意产品设计中，可以体现丰富的韵律和节奏变化，给形体建立了一定的秩序感，使创意造型设计变得生动、活泼、丰富和有层次感。

值得注意的是，节奏感的强弱通过重复的频率和单元要素的种类与形式来决定。频率越频繁，单元要素越单一，越容易产生强烈的节奏感，但这种单调而生硬的节奏感也容易造成审美疲劳。所以，设计者应灵活控制节奏感的强弱程度，要善于利用多种类型的相似元素来形成节奏感。

在造型活动中，韵律表现为运动形式的节奏感，表现为渐进、回旋、放射、轴对称等多种形式。韵律能够展现出形态在人的视觉心理以及情感力场中的运动轨迹，在观者的脑海中留下深刻的回忆。

节奏与韵律是产品设计中创造简洁不简单形态的最直接原则。

（四）对称与均衡

对称与均衡是人们经过长期的实践经验从大自然中总结得出的形式美法则。在自然界中的很多事物都体现着对称和均衡，比如人体本身就是一个对称体，一些植物的花叶也是对称均衡的。这种对称均衡的事物给人以美感，于是，人们就把这种审美要求运用到各种创造性活动中。

对称是指一条对称轴位于图案的中心位置，或者是两条对称轴线相交于图案的中心点，把图案分割成完全对称的两个部分或者四个部分，每部分视觉感均衡，给人安定和静态的感觉。对称给人稳定、庄重、严谨和大方的感觉。在创意产品造型设计中，要灵活、适当运用对称这一形式美技法，否则过于严谨的对称会使设计出来的造型呈现出笨拙和呆板的感觉。

均衡是指事物两边在形式上相异而在量感上相同的形式。均衡的形式既变化多样，又强化了整体的统一性，带给人一种轻松、愉悦、自由、活泼的感觉。在创意产品造型设计中，为了使造型达到均衡，就需要对其体量、构图、造型、色彩等要素进行恰当的处理。均衡，更多的是人们对于形态诸要素之间的关系产生的感觉。形态的虚实、整体与局部、表面质感好坏、体量大小等对比关系，处理得好就能产生均衡的心理感受。对比只是手段，能否产生均衡的心理感受，才是判断形态好坏的标准。

均衡既可以来自质与量的平均分布，也可以通过灵活调整质与量的关系来实现动态均衡。前者的均衡更为严谨、条理，理性感突出；后者在实际造型设计中使用得更为频繁，也更容易产生活泼、灵动、轻松的感觉。

（五）比例与尺度

在产品造型设计中，视觉审美还受比例和尺度的影响，比例和尺度适宜则设计出来的产品优美、大气，使观者赏心悦目。

比例是指一个事物的整体与部分的数比关系，是一切造型艺术的重点，影响着产品造型的设计是否和谐，是否具有美感。产品造型的美是由度量和秩序组成的，适宜的比例可以取得良好的视觉表达效果，古希腊的毕达哥拉斯学派提出了关于比例展现美的“黄金分割”定律，探寻自然界中能够产生美的数比关系。

比例贯穿产品造型设计的始终，是指产品造型中的整体与部分或者各个组成部分之间的比例关系。如在整体造型中，各造型要素所占的比例。

比例是一个相对的概念，表现的是各部分之间的数量关系对比和面积之间的大小关系，不涉及各部分具体的尺寸大小。而尺度是指人的自身尺度和其他各要素尺度之间的对比关系，研究产品造型构成元素带给人们的大小感觉是否适宜。在许多设计中，尺度的控制是至关重要的，与人相关的物品，都有尺度问题，如家具、工具、生活用品、建筑等，尺寸大小和形式都与人的使用息息相关。对这些产品的尺寸设计要合理，要符合人体工程学，要形成正确的尺度观念。

（六）稳定与轻巧

稳定感强的设计作品给人以安定的美感。形态中的稳定大致可分为两种：一种是物体在客观物理上的稳定，一般而言重心越低、越靠近支撑面的中心部分，形态越稳定；另一种是指物体形态的视觉特点给观者的心理感受即稳定感。前一种属于实际稳定，是每一件产品必须在结构上实现的基本工程性能；后一种属于视觉稳定，产品造型的量感要符合用户的审美需求。

形态首先要实现平衡才能实现稳定。所有的三原形体——构成所有立体形态的基础形态，即正方体、正三角锥体和球体——都具有很好的稳定性。这三种立体的形态最完整，重心位于立体形态的正中间，因此最稳定：影响形态稳定性质的因素主要包括重心高度、接触面面积等。一般来说，重心越低，给人的感觉越稳重、踏实、敦厚；重心越高，越体现出轻盈、动感、活泼的感觉。

轻巧是指形态在实现稳定的基础上，还要兼顾自由、运动、灵活等形式感，不能一味地强调稳定，而使形态显得呆板。实现轻巧感的具体方式包括适当提高重心、缩小底面面积、变实心为中空、运用曲线与曲面、提高色彩明度、改善材料、多用线形造型、利用装饰带提亮等。设计师要根据产品的属性，灵活掌握稳定与轻巧两者的关系：太稳定的造型显得过于呆板笨重，过于轻巧的造型又会显得轻浮、没有质感。

综上所述，在产品造型设计中，设计师要善于利用统一与变化、对比与协调、韵律与节奏、对称与均衡、比例与尺度等形式美法则，在满足稳定的基本条件之上融合稳定与轻巧的形式感，打造出富有美感的整体形态。

六、产品体验设计

（一）产品体验的体系概念

当今，随着产品设计对体验和情绪的关注，产品或品牌体验的系统化研究有了实现的可能性，产品体验体系正在趋向完整。产品体验设计的重要任务之一是如何把产品设计、市场营销和广告学三方力量凝聚到一起，相互合作，共同完善产品或品牌的体验体系。

传统的产品设计模式实际上割裂了设计、营销和广告三个相互关联的内容。产品设计完成后，对产品后续的工作一概不问，不继续进行相关的服务设计；而对于营销和广告而言，无论产品好坏，只要想尽办法将它们卖掉就是胜利，至于消费者是否还会再买，下次再说。这样割裂的工作方式无法有效地开展产品体验设计，并且常常会导致三方对于产品的理解出现重大偏差。

（二）产品体验设计的方法

1. 主题化设计

（1）巧妙的主题构思

好的设计有时需要好的名字来烘托，引导人们去想象和体味其中的精髓，让人心领神会或怦然心动，就像写文章一样，一个绝妙的题目能给读者以无尽的想象。借助语言词汇的妙用，给所设计物品一个恰到好处的名字，不仅能深化其设计内涵，而且往往会成为设计的点睛之笔，可谓设计中的“以名诱人”。在将独特的命名方式用在产品上的设计师中，菲利普·斯塔克是一个代表，他的每件产品都被赋予了形象化的名字，人们能立即从名字中展开无数与产品有关的联想以及希望了解隐藏在产品背后的故事。通过产品名字，使用户与设计师之间能够建立起一种牢靠的统合感，产生一种不寻常的亲切关系。用更诗意的文字创设出迎合人们浪漫心态的更讨人喜爱或者是能引起人们强烈感受、引起美好回忆的产品意象，可以说是市场营销的一种策略，在为产品加上能引起人奇妙幻想的名字的同时，人们将从追求在物质上拥有它们转变为对拥有本身的个体性崇拜和公众性艳羡。一个名字能带给我们许多思考和联想，它给我们带来的心灵上的震撼和情感体验是不言而喻的。

（2）制定创意主题的标准

一个好的创意主题，必定能够在某一方面影响某些人的体验感受。所有好的创意主题都会有一些共性的地方，将这些共性进行归纳总结，即可成为制定创意主题的标准。

①具有诱惑力的主题必须调整或改变人们对现实的感受。每个主题都要能改变人们某方面的体验，包括地理位置、环境条件、社会关系或自我形象。

②一个好的创意主题往往能打动一定的人群。制定主题要有目标地针对体验人群，这可以

与市场细分联系在一起，根据所面对的目标用户，采用最能打动他们的主题。设计者在对用户行为进行研究分析的基础上，更好地分析和理解这部分人群的心理及生理情况，掌握他们的行为和思维方式，制定相应的主题必能抓住用户群的注意力。

③富有魄力的主题，能集空间、时间和事物于相互协调的一个系统中，成功主题的引入能将体验者带入一个故事的情节中。在故事中有空间、时间和事物，体验者的参与使这个主题故事更好地演绎下去。现在很多企业都在采用讲故事的方法演绎产品。很多国际大品牌就是用一个个故事来展现他们深厚的文化底蕴，并以此吸引广大消费者。

④好的主题能在多场合、多地点布局，进而深化主题。好主题的制定，一定便于更好地推广产品，并且在点化主题的工作上易于操作，这样人们不断处于这种影响下，对于主题化的思想更加深刻和明确。企业的主题化思想深入人心，深化了主题，达到了主题化设计的目的。

2. 创造品牌化体验

（1）产品体验

产品是用户体验的焦点。体验包括体验产品的自身性能。但是随着高质量产品的普及，这种功能上的特点在产品竞争中不再占有很大的优势。从目前情况来看，产品体验方面的需求比单纯的功能和特点上的需求更重要。首先要考虑产品是如何工作、运行的。关于这个问题，不同的人会有不同的见解。设计人员会用体验的眼光来考虑问题，用户人群也会考虑产品的体验。但用户不同于设计人员，他们没有直接参与设计过程，他们是在与产品的接触中产生体验的，对于用户来说，用起来简单方便的设计才是好的设计。

当然，产品还有美学上的吸引力。产品美学——它的设计、颜色、形状等不应该与功能和体验特点分开来考虑。设计者应注重产品的全面体验，使产品的各个方面凝聚在一起，形成最优化的整体。

（2）外观设计

产品外观是品牌体验的一个关键方面。用户不仅可以看到产品外观上的符号，且体验的基本事实清楚地反映在符号中。广告的意义就是利用符号来刺激体验，这样的体验式广告能够加深用户对体验经历的记忆，或者本身就是一次体验经历。体验式广告必须挖掘新鲜体验元素并以新鲜体验元素作为主题，使广告感知化，增加用户与广告之间的相互交流。

3. 基于体验的品牌传播

在体验经济时代，品牌传播是将企业品牌与用户的联系变得最紧密也是最关键的一环。品牌传播必须充分考虑目标用户对个性化、感性化的体验追求，使用户在体验的同时达到品牌传播的效果，从而加强用户对品牌的忠诚度。

（1）将品牌传播上升到企业发展战略高度

企业想获得竞争优势，要么比别人成本低，要么有独特的特点面对产品同质化与用户对个性化体验的渴求之间的矛盾，以形成品牌差别为导向的市场传播（即品牌传播）成为企业打造重要战略平台的竞争优势之一。因为用户每一次对某一品牌产品的消费，从开始接触到购买再到使用，都是一次体验之旅，而这些体验将会强化或改变用户原有的品牌认识。所以，企业要把品牌传播提升到企业发展战略高度，以系统的科学观协调好企业的各方面，为用户创造一体化的体验舞台。

（2）定位品牌，捕捉用户心理

品牌定位是决定一个品牌成功与否的关键，准确的品牌定位源于对用户的深度关注和了解。用户既是理性的又是感性的，而且市场证明用户理性的消费需求是有限的，而感性的消费需求却是无限的。依据目标用户的个性特征，塑造一个具有个性的感性品牌，体验经济时代可使该品牌具有很强的生命力。这种感性的品牌个性让用户在更多的体验中享受品牌带来的个性化刺激。但这并不否认品牌理性特征的重要性，因为无论是用户的感性还是品牌本身的感性，实际上都来源于其各自的理性。

品牌定位的焦点在于寻找品牌个性特征与用户需求之间的交叉点和平衡点。重要的是，品牌定位不在产品本身，而在用户心里。用户的心智必将成为体验经济时代品牌传播的“众矢之的”，抓住用户心理是获取品牌忠诚的必经之路。在用户享受品牌体验的过程中传播品牌个性，紧扣用户心智的脉搏，达到“心有灵犀一点通”的境界。

（3）提炼品牌传播主题，把握品牌接触点，提供全面用户体验

企业的日常运营无时无刻不在传达出相关的品牌信息。提炼传播主题对品牌传播具有举足轻重的意义。它可以鲜明地彰显和宣扬品牌个性，让用户很快建立起品牌与自己生活方式、价值观念相适应的情感联系。在某种程度上，品牌传播的主题就是用户体验的主题。在品牌传播的过程中，详细规划接触用户的过程，并在这一过程中传播产品的品牌信息，长时间地给予用户全面的体验，使用户对产品产生印象和记忆，并且对产品产生感性认知。以这种形式，充分利用品牌的接触点，以产品设计作为实现途径，为用户提供更多、更全面的体验服务。

（三）产品交互设计

“交互”并不是新的概念，在早期的人类工程学或功效学的研究中就已出现“交互”一词。人和机器的相互作用，共同作业，一起完成某项任务就是人机交互的最初定义。

如今的交互设计（Interaction Design）与原先的人机交互存在着研究对象上的差异。人类工程学或功效学中的人机交互的研究对象主要是针对机械类、仪表类的工业时代的产品。而如今的交互设计研究的对象是智能类、软件类的信息时代的产品。

严格地说，交互设计是产生于20世纪80年代的一门关注用户与产品之间交互体验的新学科。从用户角度来说，交互设计是一种从信息交流的角度进一步提高产品的易用性，有效地通过产品与用户间的互动，给用户带来欢娱性、情感体验性的设计方法。

从产品设计的角度来看，交互设计属于体验设计的范畴，其首先解读目标用户对信息产品的真正需求；其次，解读用户与信息产品交互时的心理模型和行为体验特征；最后，解读各种可能的、有效的交互方式和用户心理模型。

从实际运用的角度来看，由于信息化、智能化技术的迅速发展，互联网和物联网以及衍生产品的广泛普及，人与智能产品，人与信息产品之间的关系已日趋平民化，平民化的消费者与这类产品之间的交互质量已成为设计这类产品时不可回避的课题。因此，交互设计被广泛运用于智能类和信息类产品的界面设计和软件设计中。由于交互设计与界面设计的关联性，使人们很容易把交互设计与界面设计混为一谈。

其实，界面设计只是针对界面内容的设计行为，就如产品开发概念下的产品设计一样。而交互设计是系统的概念，它可以理解为一种设计的方法、一种设计的视角、一种设计的态度。从设计对象而言，它是针对人与信息之间交互质量的设计。当然其中涉及界面设计、交互方式设计、软件设计和相关产品的硬件设计等。

如今的产品与人之间的关系再也不像早期工业时代的机械类产品那样简单，随着进入信息时代，产品的概念从单纯的硬件延展到软件领域，从单纯的产品本身延展到产品系统和服务。交互已不再是简单的动作层面的操作，更多的是信息的读取和感知的互动，是人与产品情感层面的交互体验。由此可见，人们已无法用简单的“人机交互”的概念来涵盖交互设计，交互设计正在从产品设计和界面设计的夹缝中抽离出来，以自己独有的方式引起设计界的关注。

产品体验设计中的关键概念是“人与产品的交互”。人与产品的交互，分为工具性（仪器性）交互、非工具性（非仪器性）交互和非物理性交互。

①工具性（仪器性）交互是指人在操作使用（仪器类）产品时与产品发生的交互行为。例如，用户操作电脑键盘、控制汽车方向盘、调节汽车变速箱、手机拨号等。

②非工具性（非仪器性）交互是指那些与实现产品某个特定功能无关的交互行为。比如，抚摸产品的表面、拿捏摆弄产品外壳等。

③非物理性交互是指人的想象、情感和回忆在与产品交互时，或交互之后可能产生的或产生过的结果。例如，当用户在使用一辆新型山地自行车之前，他可能会憧憬对操作这辆新型山地自行车的结果：明天可以骑上这辆新型山地自行车，狂奔在乡间小道上。再如，某位姑娘捧着自己被摔坏的心爱的父母赠送的手机时，会因想起平日伴她左右的幸福时光和父母的爱而落泪。

人与产品交互的过程，可简单地分为三个阶段。

第一是购买前阶段，即潜在消费者是通过产品广告及营销宣传所传达的产品信息与产品进行交互。

第二是购买阶段，即消费者是在产品零售点通过销售人员的讲解服务或试用与产品进行交互。

第三是购买后阶段，即用户通过反复使用或与他人分享讨论产品等，与产品进行的交互。

由于人与产品交互概念范围的扩展，这里所说的产品体验设计也相应地扩展为一个全面的体验概念，不仅仅指产品本身的设计，同时还包括产品系统设计、服务设计、广告设计、营销设计。比如松下电器推出的智能照明 App，用户通过手机便捷地控制家庭内松下照明灯具的亮度、色彩等，将喜欢的照明广度、色彩搭配作为场景保存，一键控制所有灯具，通过灯光控制不仅可以营造氛围，而且可以节约能耗。

照明对于人的情绪生活质量、对空间的感知观点有着直接的影响，除了用来改善室内空间的照明质量、营造和谐氛围外，也渐渐转为功能化应用，对室内各个区域的灯光进行智能控制，在不同时段设置不同模式的灯光，实现舒适与节能一体化的灯光环境。新的时代，仅是巧妙用光就可以左右人的生物本能，如何融入照明设计，降低照明能耗、节约能源、环保舒适，是新时代照明的一大议题。

第三节　产品综合造型设计创新

一、产品综合造型设计创新的方法

产品综合造型设计创新的方法较多，以下仅介绍两种以供参考。

（一）观察的手法

在观察对象时，创作者需要关注对象的局部、现状和外部特征，以及对象的动态发展和内部影响因素。例如，通过观察，发现树是由根、干、茎、叶、枝等系统部件组成。这些部件的变化和差异来源于树内部的材质制约，树种和树的不同部位都会引起树本身的系统差异。当然，除了这些内因问题，还会受到环境、气候、时间、土壤等诸多外部因素的影响。

在观察过程中，创作者通过局部与局部比较、整体与局部比较、个体与同类比较、不同阶段的比较，这种多层面多角度的观察方法，可更好地发现事物的本质特征。同时，创作者要从全局观察，善于联系和归纳。

（二）有效整合产品构成元素

从狭义上说，可以运用“格式塔”规则有效地整合产品构成元素或产品的形态特征。

产品的形态特征与交互功能密切相关，使用这些规则能把它们从视觉上组合起来，以便更好地与人交互、供人使用。

以遥控器的功能按键为例，没有运用“格式塔”规则设的遥控器计，视觉上比较杂乱，缺乏条理性。需要按照“格式塔”规则重新进行设计整合。首先，运用“近似”的规则可以使功能相关的按键从视觉形态特征上相互关联。电源开关键尽量靠近荧屏，使它的视觉效果更直观，更明显，从而达到比较容易识别的功效。其次，运用“延续”的规则重新调整按键的序列，“储存”、“重呼”和“功能”等键可紧靠在数字键上方，采用下行箭头形态。“发送”和“结束”两键可紧靠在数字键下方，采用上行箭头形态，使之产生关联性。由此可见，在具体的设计中采用“格式塔”规则能使设计在形态上更有目的性。视觉形式中的“协调”感也可归入“格式塔”规则。严格来说，“协调”不是“格式塔”心理学家们制定的，但是它是与视觉的“简约”规则相关的视觉式样，因此“视觉协调性”也可归入“格式塔”规则来讨论。更具体的会在形式美中讲解。

可以想象一下，当人们的视觉从一件产品中发现了一种特别类型的几何形式，如果该几何形式被重复出现，就会在产品中把它们联系起来，这就是“类似”的规则。由直觉可知，相同的形状多次重复会产生一种比不同形状多次重复更棒的视觉“协调感”。

人们的视觉系统能自然地识别到这种现象，因此，视觉“协调性”符合“格式塔”的基本规则。在设计中，违背“格式塔”规则容易引起产品视觉上的支离破碎，缺乏美感，这样的现象在设计中出现很多。

二、产品综合造型设计创新训练

（一）形的审视

运用手与眼的配合，把握形态变化过程的度。训练对造型的敏感度，通过动手把握和用眼审视体会形态细微变化的异同，培养对造型审美的感受能力和对造型的统一与变化、规律与韵律、严谨与生动的把握能力。

（1）用纸板或其他易切割的板材，做 70 片左右类等高线形截面，并呈一定逻辑递变，然后将这些截面按 10 毫米间隔排列起来，要求相邻的截面变化呈逻辑递增或递减。

将 10 片左右截面组成整体，做水平 360° 旋转时，都要呈现不同形态（类似有机生物的形态）。该练习也可用胶泥代替板材进行设计，要求同上。

（2）用 A4 复印纸若干，折叠、粘贴或扦插成 30 厘米 ×30 厘米 ×30 厘米左右的不规则空间形态，置于桌面，做水平 360° 旋转观察。要求从任意角度看都不相同。

（3）任选两件不相同的物体，要求在意义上应有一定关联。在这两个形态之间，做出两三个中间过渡阶梯形态，使两个选定形态通过中间的两三个形态变化，得以逻辑性、等量感的过渡。

（二）形的支持

以研究材料力学性质为前提，通过结构设计发挥材料的力学特性，因势利导地造型，使材性、构性、型性和工艺性达到完美统一，并使设计的结构能支撑人们意想不到的质量。

设计者可通过观察和研究自然界中生物的支撑结构获得灵感，也可通过学习、研究古今中外人造物的支撑结构汲取养料。例如，草秆、竹茎、龟壳、哺乳动物的弓形脊柱等；柱梁、拱券、桁架、摩天楼、跨海大桥等认识统一结构的构性和结构的型性的方法；理解材料力学与结构力学的整合是设计的关注要点；掌握学习、研究自然和生活的方法，使时时处处观察、分析、思考成为习惯。

（1）用复印纸黏结成型以支撑砖的质量：尽可能少地用纸，研究和试验纸的受力特征和力学缺陷，找出纸张被破坏的原因。设计纸结构，使组合成型的纸结构至少支撑起两块砖。

（2）用细铅丝扭结成 30 厘米高的形体，支撑至少两块砖的质量：尽可能少用铅丝，研究线性材料的受压特性、线性结构力学弱点以及被破坏原因，再运用线性材料垂直受力的结构形态，使不利受压和有利受拉的线材能承受较大的压力。

（3）设计并制作一个有一定跨度的桥，根据选用的材料承受不同的质量。

①用尽可能少的报纸黏结成型，设计 50 厘米跨度的结构，承受两块砖的质量。

②用尽可能少的一次性筷子和细棉线设计跨度为 60 厘米的结构，承受两块砖的质量。

③用尽可能少的薄白铁皮成型，放置在 80 厘米跨度间，承受自身的质量。

④进行支撑的心理感受训练，分析和联想自然或生活中常见的现象或原理，设计体现出支撑感觉的造型。

（三）形的过渡

形的过渡有方形与圆形、方形与三角形、圆形与三角形的相互过渡，这三组过渡所含的三种基本形态——方、圆、三角可以在二维柱体或三维块形之间进行处理，但要求其过渡的原理、联想或创意是自然界或社会生活中易被识别、理解的现象和本质。

设计者可自行设定过渡连接的部位，但三组过渡的结构形式和连接方式要有统一的原则。可选一种材料，也可综合不同的材料，但不同材料的加工工艺、连接方式、造型特征等都要符合该材料的性质。作为最纯粹的三种形体，方、圆、三角分别代表了三种不同的情感，也是早期工业化生产中最容易实现的三个形态。

（四）形的组合

形的组合是指用相同的单位形，以不同的数量、相同的组合方式，构成独立形态的方法。

由这些相同的单元组合后的正多面体应是稳定的、结实的（其力学结构是合理的，不仅是整体，其外缘的任意点、角、边棱和面受外力后都能传递到整个结构来承担）；制作单元的材料可以是线材、板材、块材，也可混合用材。所谓线材、板材、块材，可以是铅丝、钢丝、绳、棉线、木条、塑料管、铁管、纸板、薄铁板、塑料板、胶合板、木块、泡沫塑料块等。单元的成形工艺要合理；单元的组合方式和顺序也要合理、简便，组成的正多面体不仅要稳定、结实，还应是比例协调、虚实相间、色质与肌理兼顾的。通过此作业，学生能建立起评价设计的标准，形成对设计的全面认识，实践并理解造型是对材料、工艺、结构优势互补和整合的结果。

第五章　产品开发与创新

第一节　产品开发策略

一、产品开发策略概念

策略通常指为实现目标而采取的方案集合，是一种战略性的思维。产品开发策略就是开发新的产品来维持和提高企业的市场占有率的方案集合。既然称之为策略，那么其必须具备全局性、系统性、未来性、长期性和竞争性的特点。

全局性是指企业在产品开发的计划上必须考虑自身目前的状况，如资金、技术、人员构成等要素；市场的总体趋势，如竞争品牌、产品等；企业未来发展预期等。与此同时还要与国家的经济、技术、社会发展战略相协调，与国家发展的总目标相适应。

系统性是指企业进行产品开发，是根据资源配置进行的有序活动，其进程具有一定的层级关系及前后顺序。从层级关系方面讲，产品开发策略分为企业级、部门级和职能级。企业级是指企业的长期经营目标，如经营范围、发展方向、竞争优势、大品牌定位等，这个层级是整个产品开发策略的基础和基本方向；部门级是指企业内部各个部门或大集团下属分公司及独立核算部门的资源范畴、工作计划等，它为下一层级的具体工作提供具体的资源性指导；职能级是指具体的职能部门，尤其是设计部门、工程部门等直接参与产品开发设计的部门的具体工作计划、人员分配、绩效指标等，是产品开发设计的具体实施步骤。就前后顺序而言，由于各个企业产品品类不同、内外部资源差异很大，因而其产品开发可能是以设计为先导，也可能是以技术或资源为先导。

未来性是指从企业发展的角度来看，企业今天的行为是为了明天的发展，企业今天制定的产品开发策略是为企业明天的产品开发更好地行动。因此产品开发策略要着眼于企业未来的生存和发展，必须以企业内部环境与外部环境的过去和现在作为依据，对未来发展趋势做出准确的预测。这就决定了作为企业领导者和决策团队要有勇于面向未来的精神。

长期性是指产品开发策略是针对企业长远发展目标而制定的，具有一定时期的稳定性，决策层在策略的制定和实施上不能朝令夕改，否则会使员工人心浮动，企业经营发生混乱，给企业带来经济损失和竞争劣势。但要注意的是：长期性并不代表停滞不前，企业自身状况和市场的变化是动态的，产品开发策略应当在一定程度上随之变化，因此其长期性是相对的。

竞争性是指产品开发策略指定的目的就是在激烈的市场竞争中取得优势，获得更高的市场占有率和更广泛的消费者认可。越是快速发展的产业，其竞争也越激烈（竞争对手的数量及质量增长很快）。因此，企业必须积极研究行业动态、竞争对手的优势与劣势，为自己树立明确的目标，在有限的市场份额中尽可能多地占取一席之地，才能在快速发展的市场中立于不败之地。

二、产品开发策略的种类

（一）领先型开发策略

领先型开发策略又称为“原创型产品创新策略”“抢占市场策略”或“先发制人策略”。企业抢先开发新产品，创造新产品品类，拓展自身业务范围并投放市场，使企业的某种产品在激烈的市场竞争中处于领先地位。这样的企业认为第一个上市的产品才是正宗的产品。具有强烈的占据市场“第一”的意识，较强的科技开发能力，雄厚的财力保障，开发出的新产品不易在短期内为竞争者模仿，决策者具有敢冒风险的精神的企业可采用这种开发策略。

（二）跟随型开发策略

跟随型开发策略又称为“模仿型开发策略”或“防御型开发策略”，它不是企业被动性防御，而是主动性防御。企业并不主动投资研制新产品，而是当市场出现成功的新产品后，立即进行仿制并适当改进，消除上市产品的最初缺陷而后来居上。具有高水平的技术情报专家，能迅速掌握其他企业研究动态、动向和成果，具有高效率研制新产品的能力，能不失时机的快速解决别人没解决的消费者关心问题的企业，可采用这种开发策略。

（三）系列化开发策略

系列化开发策略又称为“系列延伸策略”。企业围绕产品上下左右前后进行全方位的延伸，开发出一系列类似的但又各不相同的产品，形成不同类型、不同规格、不同档次的产品系列。企业针对消费者在使用某一产品时所产生的新需求，推出特定的系列配套新产品，可以加深企业产品组合的深度，为企业新产品开发提供广阔的天地。具有设计、开发系列产品资源，具有加深产品深度组合能力的企业可采用这种开发策略。

系列化开发策略具有以下几个优势：

1. 产品能够共享品牌的影响力

系列化产品开发往往是基于同一品牌而进行的，由于消费者对该品牌已经有了一定的了解，因此在产品推广过程中较容易得到消费者的信任。特别是对于知名品牌，即使其新的产品系列与其以往的产品处于不同的领域或定位，由于品质的相关联想，也较易得到市场的认可。例如：小米公司早期以智能手机为其主要产品线，在手机获得较高的市场认知度后，小米相继开发了智能空气净化器、智能空调等多个系列的产品。尽管以往小米从未涉及这些领域，但凭借其智能手机获取的品牌影响力，这些新产品依然能够在市场上被消费者迅速接受。

2. 产品的开发成本较低

由于系列化产品的开发通常是在充分考虑系列内产品之间以及变形产品之间的通用化的基

础上进行的，因此零部件的模具费用、外观的设计成本及表面处理工艺的统一等方面会有很大的节省空间。这点在很多汽车制造企业是非常常见的，共用技术平台、共用悬架系统是各车企在开发系列化产品过程中常用的手段。

3. 较易形成市场上的规模效应

产品的系列化开发有多个方向，一个企业在进行系列化开发的时候可以通过对消费者生活形态的研究确定发展方向，从而使产品线更加完整地满足消费者多方面的生活需求。当产品的系列化程度达到一定量级，消费者出于对品牌的信任和喜爱就会产生“不买则已，要买就买一套”的心理，从而促进产品的销售。

（四）差异化开发策略

差异化开发策略又称为“比较型产品创新策略”。市场竞争的结果使市场上产品同质化现象非常严重，企业要想使产品在市场上受到消费者的青睐，就必须创新出与众不同的、有自己特色的产品，从而满足不同消费者的个性需求。这就要求企业必须进行市场调查、分析市场、追踪市场变化情况，调查市场上需要哪些产品，企业使用现有的技术能够生产哪些产品，使用现有的技术不能生产哪些产品。对这些技术，企业要结合自己拥有的资源条件进行自主开发创新，创新就意味着差异化。具有市场调查细分能力，具有创新产品技术、资源实力的企业，可采用这种开发策略。

（五）超前式开发策略

超前式开发策略又称为“潮流式开发策略”。企业根据消费者受流行心理的影响，模仿电影、戏剧、体育、文艺等明星的流行生活特征，开发新产品。众所周知，一般商品的生命周期可以分为导入期、成长期、成熟期和衰退期四个阶段。而消费流行周期和一般商品的生命周期极为相似并有密切的联系，包括风格型产品、时尚型产品、热潮型产品等特殊类型生命周期。在消费者日益追求享受、张扬个性的消费经济时代，了解消费流行的周期性特点有利于企业超前开发出流行新产品，取得超额利润。具有预测消费潮流与趋向能力，具有及时捕捉消费流行心理并能开发出流行产品能力的企业，可采用这种开发策略。

（六）滞后式开发策略

滞后式开发策略也称为“补缺式开发策略”。消费需求具有不同的层次，一些大企业往往放弃盈利少、相对落后的产品，必然形成一定的市场空缺。国内碳酸饮料市场几乎被几个大品牌瓜分殆尽，如可口可乐、百事可乐等，无论城乡，无论发达地区或欠发达地区，均充斥着这些大品牌的知名产品，似乎其他后来者已很难进入市场。实际情况却是：全国各地都有一些实力偏弱的区域性企业的碳酸饮料产品仍然有很好的销售业绩，它们在各大品牌产品的冲击下，仍能获得可观的市场份额。

需要注意的是：以上开发策略各有优势和劣势，对于一个企业而言，产品开发策略并不是一成不变的，必须根据企业自身的具体情况以及所面临的发展阶段因地制宜地进行制定。

第二节　产品开发的项目管理

企业通常有很多部门、资源与人员，在产品开发过程中需要有具体的方法来协调，以保证开发活动在可控范围内顺畅地进行，并最终输出高质量、低成本的产品，这个协调的过程及方法就是项目管理。

大型产品的设计、生产是一项极其复杂的系统工程，项目中的人员、资源如果不能得到合理、有效的职能分布，时间节点不能得到精准的计算，各种可能出现的意外情况没有有效的预案，就可以断定整个开发将处于失控状态，一切投入的成本都将化为乌有。以下将从资源配置和项目进度计划两方面对项目管理进行分析。

一、资源配置

企业资源是指任何可以成为企业强项或弱项的事物，任何可以作为企业选择和实施其战略的基础的东西。企业资源配置是指对企业中相对稀缺的资源在各种不同用途上加以比较做出的选择。本部分将与产品开发设计直接相关的企业资源分为人力资源和设计、生产资源两大部分。

（一）人力资源的配置与管理方式

人力资源是产品开发设计中最具能动性的要素，要求具有高度的专业性和合理的职能分布。通常在一个产品开发项目中会具体涉及的有项目内部人员和外部人员两大类。内部人员通常是指项目开发团队，包括项目管理人员、技术研发人员、产品设计师、市场营销人员、相关的采购人员等。外部人员通常指不直接参与管理的决策层、财务人员、企业外部的材料供应商、技术服务人员等。这里我们主要讨论项目开发团队的配置与管理。

就开发团队规模而言，项目本身的规模、开发时长和产品的复杂程度是关键因素。具体来说，有以下人员：

1. 至少需要一名直接负责的产品经理或项目负责人

其拥有决策层的决策授权，在开发团队中能够直接调动所需资源和人力，并对设计方案和进度拥有决定权。同时他也需要负责上传下达，使企业整体的开发策略在具体实施过程中保持正确的方向。在当今的很多企业中，决策层对产品开发的动向十分关注，因此会有高层决策者直接参加到项目开发团队中担任负责人，这样的好处是：其管理模式是扁平的，资源调动更为方便，决策效率也更高。无论是何种情况，都要求团队的负责人熟悉该项目的产品，拥有较为丰富的相关开发经验，熟知开发流程，并对项目中可能出现的意外情况有所准备。

另外很重要的一点是，项目负责人在任何情况下都拥有预算权，这决定了其有在评估项目团队成员绩效和决定资源分配方面的发言权。通常而言，如上文所述的扁平管理模式的项目负责人会拥有预算权，这样的项目一般也都是针对企业中较为重要的、具有战略意义的产品展开的。

2. 技术研发人员

对于复杂产品而言，技术研发人员是产品功能实现的保障。根据产品所需要的功能清单，技术研发人员包括：机电工程师、软件工程师、材料工程师、结构工程师等。具体人数可根据产品的复杂程度决定，较为简单的电子产品，2～3人基本上能够完成技术上的工作；较为复杂或庞大的产品，如手机、平板电脑甚至汽车之类的产品则需要设置技术人员等级，按具体功能部件进行任务分解，其中需设置总工程师总体规划管理研发路线，部件系统工程师负责部件系统的研发及管理以及专任工程师等对应不同的技术研发内容。当然，对于一些非常简单的小产品而言，可能不存在技术研发人员的设置。

3. 产品设计师

产品设计师在开发团队中的地位很重要，如果说技术研发人员的主要职能是产品功能的实现，那么产品设计师的工作关注点就是解决产品需要何种功能、在何种场景下运用、使用方式是怎样的、产品为用户带来何种感受等问题。根据产品的复杂程度，设计师也可分为：ID设计师、CMF设计师、UED设计师、UI设计师等。其中ID设计师主要负责提出产品概念、解决方案、整体造型等工作；CMF设计师主要负责产品的色彩规划、材料规划，以及相关表面处理工艺的遴选工作；UED设计师负责搭建用户使用场景、体验方案等；UI设计师负责产品的交互界面设计等。

同样，对于不同的产品，其需要的设计师配置也是不同的，有些职位可能出于开发成本的考虑而合并。也有些企业由于本身没有设计部门，所以会将这部分工作外包给专门的设计服务公司进行。

4. 市场营销人员

开发团队中的市场营销人员负责为项目开发提供相关的市场信息及消费者反馈。由于他们一般直接与消费者或经销商接触，因此对消费者需求和产品销量有很深入、直观的了解，在开发前期能够为团队提供方向，在开发的过程中能够提供准确、具体的评判意见，在开发的后期能够与产品设计师协同进行商业模式、销售方式甚至具体到包装、运输方式的设计。但是市场销售人员通常并不需要全职参与到开发过程中。

5. 采购人员

对于一些大型产品而言，出于成本和效率的考虑，并不是所有的零部件都需要自行研发生产，而是通过供应链进行采购。采购人员职能包括：根据项目开发需要搜集零部件信息、询价、确定采购模式、协助技术研发人员和设计师与供应商沟通或谈判等。

有了适合的人员配置，还需要通过适合的组织方式将他们以一定的结构整合起来，才能发挥最大的潜力进行产品开发。一般来说其组织管理方式有以下两种：

（1）垂直管理

垂直管理也可称为层级式管理，是指项目团队各级职能从上到下实行垂直领导，呈金字塔型结构。直线型组织结构中下属部门只接受一个上级的指令，各级主管负责人对所属职能的一切问题负；各级负责人受项目决策者的统一管理。其优点是：组织结构比较明了、责任清晰、命令统一，同时由于职能分担压力较小，因此适合企业培养新人。缺点是：项目过程中的问题需要层层上报，资源的调动不及时，决策效率较低。

（2）扁平管理

扁平管理也称为扁平化管理，是相对于“层级式”管理构架的一种管理模式。项目负责人通常是企业中的决策者，整体上不设置中间管理层，项目负责人直接管理职能人员，能够直接调动资源。这种方式较好地解决了层级式管理的“层次重叠、冗员多、组织机构运转效率低下”等弊端，加快了信息流的速率，提高了决策效率。缺点是项目负责人的决策压力很大，对开发团队的人员要求很高。

两种项目组织管理方式各有优势和劣势，不能一概而论。以下几个问题有助于决策者选择组织管理方式：

（1）开发项目的重要性

通常，对于企业中具有战略意义、决定企业未来产品走向、牵扯成本较大的开发项目而言，适合采取扁平管理为主的开发方式。由于这类产品需要对开发的走向把握准确，而且要求产品抢占市场的动作迅速，因此其决策的效率非常重要。但同时由于开发过程中需要较高的专业水准，因此各开发部门的人员必须是行业中的资深人员，能够独当一面，且能够全身心地投入项目开发。对于企业中常规性的产品开发，则适合垂直管理。由于组织结构层层把关，尽管开发速度不够迅速，但能最大限度保证各个环节不出问题。

（2）跨职能整合的重要性

职能指的是一个责任范围，通常涉及专业化的教育、培训或经验。产品开发组织中，主要职能包括设计、制造和市场营销。在这个层级以下还有更精细的划分，如产品设计、人机工程、应力分析、结构设计、市场策略等。根据职能和项目之间的关系，一般在企业中会有两种组织方式：职能式组织和项目式组织。职能式组织是指组织中的联系主要产生于执行相似职能的人之间，如设计部门、营销部门等。项目式组织是指组织联系主要产生于在同一个项目工作的人之间。对于企业中重要的开发项目，一般需要抽调各部门人员组成专门的项目团队，以便于保证人员间长时间的磨合及决策的效率，而一般性的开发项目则可以职能式组织方式进行。

（3）产品开发速度的重要性

对于要求快速抢占市场的产品，开发速度至关重要，在项目过程中对资源调动的速度和决策的效率要求很高，而垂直管理在这方面恰恰是弱项，因此就适合采取扁平管理。同时，这也对项目管理者的专业判断和市场洞察力有较高的要求。

（4）各专业职能负责人的专业水准在开发过程中的重要性

在垂直管理方式中，各职能部门有较多的人员，这就对其部门负责人的专业水平有较高要求。同时，部门负责人的专业水准要有所保障，以便能为项目总负责人提供可靠的决策依据。而在扁平管理方式中，由于项目负责人直接管理职能部门，对其本人的专业水准要求就比较高，决策压力也更大。

最后需要注意的是：无论是垂直管理，还是扁平管理，在具体的开发项目中都不是单一的或一成不变的。对于一些关键性的大型项目而言，在整体扁平化管理框架下，可能在其下某一职能部门采取垂直管理，以便开发团队成员的专业得到充分运用，获得最佳的开发成果。

（二）设计、生产资源的配置与整合

除了人力资源以外，企业从事新产品开发离不开设计、生产资源的保障，而资源具有有限性。因此合理的资源配置关系到开发项目能否有效地进行。

1. 设计资源

企业的设计资源以企业品牌文化、知识产权、设计流程、相关专利等无形资源为核心，通过开发项目资质管理方式产生效益。其外部资源包括相关的合作设计机构、个人、可购买的知识产权、服务、材料供应商等。企业在进行新产品开发的时候，必须考虑以何种方式使用设计资源。一般企业都有自己的技术研发部门，但设计部门则不一定。有的企业长期设有设计部门，为自己专属品牌进行设计；有些企业则没有，在其需要对产品进行设计时，会雇用专业的设计公司为其提供服务。对于驻厂设计部门而言，其对本企业品牌文化和主要生产的产品类型研究较为深入，对相关的市场需求、功能要素、生产工艺、材料结构等因素较为了解。但由于常年从事同一类产品的设计，会产生一定的惯性思维，在一定程度上限制了产品的创新，因此会以外包的形式将一些产品的设计交由其信任的设计公司进行。也可能在其开发任务较为繁重、开发时间紧迫的情况下采用外包设计，这个过程往往需要企业与设计公司进行较为深入的讨论以明确设计方向。

在一些细分的设计工作中，企业设计部门需要外部供应商的协作。如：新产品在进行 CMF 设计的阶段，需要由相关的材料供应商提供材料样板，或由设计师自行通过渠道获取。设计过程中的打样（模型或原型、样机制作）往往也交由专业的模型公司制作，而不是在企业内部制作。也有些情况下，设计部门出于成本的考虑，会直接购买一些设计素材。

另外，在一些企业的设计部门中会有专门的法务部门为其提供法律上的支持，以应对设计部门可能会面临的与其他企业的知识产权争端。例如：TEK 公司在进行真空吸尘器的开发设计过程中，通过法律手段规避了多项由戴森公司掌握的设计专利，使公司避免了损失。对于很多大型企业而言，设计部门中的法务部门还能够通过法律手段促成竞争企业间的技术共享与合作。

2. 生产资源

企业的生产资源通常以资金、设备、相关技术为主，同时在大工业生产的分工合作体系下，绝大多数企业都需要有外部资源的支撑，这是出于生产成本和效率的考虑，因为在很多产品中可能会大量用到标准件，如螺丝、套筒等零件。质量过硬、价格合理的采购会比企业自行生产更具效率。企业自身拥有的生产资源通常是较为核心的，而非核心部件的生产和最终的组装则可以通过外包的方式进行。另外，一些非标准件的生产可以通过与企业外部的加工厂商拟订合同进行专门性的生产，以保证在生产过程中技术参数不会被泄露。

有些企业在进行生产的同时可能会推动整个行业的技术提升，如苹果公司为了生产 iPhone 的铝镁合金外壳购置了大量 CNC（数控机床），并研发了新的制造工艺和相关配件。对于企业外部资源而言，与这样的大型企业合作能够为自身带来技术上的升级和业界的良好声誉，甚至愿意以极低的报价获取生产订单，这对双方而言都是有利的。

整体上说，企业对于内部资源需要有清晰的认识，资金周转的能力如何、设备的更新与老化、自身核心技术的掌控、产能大小、工人的整体技术水平都是重要的衡量标准。而外部资源的选择必须遵循质量、成本、效率等方面的平衡，需要有一套明确的体系、标准来选择供应商和合作伙伴。同时，需要保障内部资源与外部资源的无缝衔接，预估生产过程中可能遇到的突发状况，如产能不足、材料短缺等，制定相应的标准预案，确保生产过程能平稳顺畅进行。

二、项目进度计划的管理

产品开发的项目进度关乎产品能否如期上市，是否能抓住稍纵即逝的市场良机，对于开发项目的成败影响巨大。产品开发项目进度计划是在企业已有开发策略及资源的基础上，根据相应产品开发的工作量和工期要求，对各项工作的起止时间、相互衔接协调关系所拟订的计划。同时对完成各项工作所需的时间、劳力、材料、设备的供应做出具体安排，最后制订出项目的进度计划。通常在项目开始之前就要有明确的计划，同时在具体的执行过程中需要根据一些弹性因素进行适当调整以保证项目进度正常。在项目结束时也需要对项目目标的完成度、完成质量及优劣势等进行总结评估。

（一）项目进度计划的制订

项目进度计划的制订通常由决策者、管理者和职能责任人共同进行，是开发工作的指南，对于协调后续活动以及估计所需的开发资源和开发时间非常重要。

1. 目的

（1）保证产品开发项目始终处于可控状态下

产品开发始终要保持正确的开发方向，在项目开始之初，会出现一定数量的概念、解决方案以及技术路径。不可避免的是由于设计是极具发散性思维的工作过程，因此可能会出现偏离开发方向的情况，即使出现新的方向可能具有很好的市场前景，但在本项目内仍然需要纠正，或进行方案储备以备新项目采纳使用，以保证本项目的产品开发得以正常进行。同时，在决策者或管理者由于某些情况暂时不在项目团队工作地点时，团队能够按照项目计划自觉完成相应的工作。

（2）协调开发资源的分配

一般来说，企业中的职能部门会同时进行运作，很多企业也会同时进行多个开发项目，因此对其有限的资源必须进行合理的分配，才能保证各部门、各项目都能得以正常运转。

（3）确保开发资源在需要时可以获得利用

对于企业中的稀缺资源，既要保证其得到合理的分配，也要考虑到由于可能出现某些部门阶段性的需求量大，必要时可增加资源总量。另外，企业资源的管理者不仅要保证开发资源在数量上能够合理分配，也要保证资源质量的可靠性，如开发团队中计算机的配置是否能够满足设计过程中建模、渲染以及相关虚拟实验的需求等。

（4）预测在不同时间所需要的资金和资源的级别以便赋予项目各阶段不同的优先级

对于短时间内难以增加的资源，决策者和管理者可以根据项目进度计划的时间顺序、项目的优先级别和事务的紧急程度合理调动资金和资源，避免职能部门或项目开发团队间因需求而导致的资源争夺。

（5）使各职能部门严格按照时间进程完成工作

从整体上讲，项目团队严格地按照进度计划进行工作有助于保证产品的上市时间。从团队内部来说，由于各职能部门的阶段任务不同，有的可能具有前后关联性，前端工作未完成会导致后续工作进度的推迟；也有的工作可能存在时间上的重叠，需要并行完成，因此时间进程就显得很重要了。

2. 主要考虑的因素

为了合理制订项目进度计划，并使之能够符合实际的工作环境（此处并不单指开发人员所处的时空环境，也包括资源、制度、管理等），需要对以下因素加以注意：

（1）项目的规模大小

规模较小的项目应采用简单的进度计划方法，而较大的项目为了保证按期按质达到项目目标，往往需要多部门的协同参与，就需考虑采用较复杂的进度计划方案。判断项目规模大小的要素主要有：资金投入量、预期的产出量、参与项目的人数等。

（2）项目的复杂程度

需要注意的是：项目的规模不一定等同于项目的复杂程度。例如：为某个风景区设计开发一套公共设施，其规模虽然不小，但并没有难以攻克的技术难题，复杂程度较低，因此可以用较简单的进度计划方法。而开发一台新型的笔记本电脑，需要在技术上和设计上有较大的创新，需要很复杂的流程、涉及很多专业领域的合作、调动庞大的资源，就需要较复杂的进度计划方法。判定产品开发项目的复杂程度可以根据以下问题进行判断：是否有关键性的技术研发、是否涉及多部门的协作、是否需要跨专业领域的协作、是否有较高的创新度等。

（3）项目的紧急性

在急需进行产品项目开发时，特别是在开始阶段，需要对各项工作发布指示，以便尽早开始工作，此时，如果用很长时间去编制进度计划，就会延误时间。但同时要注意，此时的进度计划制订同样不可草率，避免项目进行后再出现大的调整。企业对于较为紧急的开发项目应当提供更多的资源支持以保证进度。

（4）对项目细节掌握的程度

项目负责人在项目开始阶段对各项后续工作应有充分的了解，能够较为准确地评估工作复杂程度、各阶段工作时长、需要何种资源支持、团队成员技能特长等，这必然要求项目负责人是该领域富有经验的资深人士。

（5）项目总进度是否由一两项关键事项所决定

如果产品开发项目进行过程中有一两项活动需要花费很长时间，而这期间可把其他准备工作都安排好，那么对其他工作就不必编制详细复杂的进度计划了。例如：在开发设计不粘锅的过程中，其关键在于涂层材料的选择，既要保证其不易粘黏，又要确保其食品级材料的安全性和使用过程中的耐久性。材料问题一经解决，则其他问题就不存在什么难度了。

（6）有无相应的技术力量和设备

产品开发过程中，优秀的创意和概念固然重要，但如果不能落地实现，则皆为空想。例如：设计方案中需要在某个产品局部采用复杂的参数化曲面，而相关设计师如果不具备相应的建模能力则很难实现预想中的效果。同样，即使产品方案经过建模渲染后得以确定，但企业没有相应的设备能将其在合理的成本基础上制造出来，则需要修改设计方案以匹配生产能力。

此外，还需要格外注意针对项目进程中可能出现的意外情况采取相应的应急预案。例如：临时的人事变动、资金上的突然变化、供应商的变动等。具体需要采用哪一种方法来编制项目进度计划，要全面考虑以上各个因素。

3. 制订方法

综合以上所述的因素，常用的产品开发项目计划制订方法有以下几种：

（1）关键日期表

这是最简单的一种进度计划表，它只列出一些关键阶段、活动和相应进行的日期。

（2）甘特图

也叫作线条图或横道图，是表示活动进度的传统工具，以横线来表示每项活动的起止时间。甘特图的优点是简单、明了、直观、易于编制，到目前为止仍然是小型项目中常用的工具。即使在大型工程项目中，它也是高级管理层了解全局、基层安排进度时常用的工具。

在甘特图上，可以看出各项活动的开始和终了时间。在绘制各项活动的起止时间时，应考虑它们的先后顺序。但甘特图没有明确显示活动之间的依赖关系，也没有指出影响项目寿命周期的关键所在。因此，对于复杂的项目来说，甘特图就显得不足以适应。

（3）计划评审技术

Program Evaluation and Review Technique，简称“PERT”。PERT 是指用网络图来表达

项目中各项活动的进度和它们之间的相互关系，在此基础上，进行网络分析和时间估计。该方法认为项目持续时间以及整个项目完成时间长短是随机的，服从某种概率分布，可以利用活动逻辑关系和项目持续时间的加权合计，即项目持续时间的数学期望计算项目时间。

PERT 以时间为中心，找出从开工到完工所需时间的最长路线，并围绕关键路线对系统进行统筹规划、合理安排，并对各项工作的完成进度进行严密的控制，以达到用最少的时间和资源消耗来完成系统预定目标的一种计划与控制方法。

（4）关键路线法

Critical Path Method，简称“CPM”。CPM 是通过分析项目过程中哪个活动序列进度安排的总时差最少来预测项目工期的网络分析。它用网络图表示各项工作之间的相互关系，找出控制工期的关键路线，在一定工期、成本、资源条件下获得最佳的计划安排，以达到缩短工期、提高工效、降低成本的目的。CPM 中工序时间是确定的，这种方法多用于建筑施工和大修工程的计划安排。它适用于有很多作业而且必须按时完成的项目。关键路线法是一个动态系统，它会随着项目的进展不断更新，采用单一时间估计法，其中时间被视为一定的或确定的。

（二）项目执行

在项目计划制订完成后，需要开发团队具体执行才能保障开发进程的顺利进行。在这个过程中需要解决的主要问题是：如何协调开发活动？如何在项目进程中对工作及其阶段性输出物进行评估？如何纠正开发过程中出现的问题？

1. 协调机制

由于在开发过程中具有相互依赖的联系，对产品开发团队不同成员的活动进行协调应贯穿开发项目始终。同时，由于可能出现的无法预料的事件（如资源变动等）而引起的不可避免的项目计划变更也要求管理者在项目过程中进行相应的协调。另外，由于团队成员常以跨专业领域、跨部门的形式进行合作，彼此间往往具有一些专业思维方式上的差异，可能会导致开发活动进行得不顺畅。例如：工程师通常从可行性角度出发思考问题，而设计师则更倾向于从创新和体验角度思考产品，二者强调的工作重点差异较大，在方案商讨的过程中容易出现意见难以统一的情况，这时就需要管理者根据对产品总体设计方向的把握进行协调，确保开发活动正常进行。具体来讲项目协调机制有以下几种方式：

（1）日常沟通

项目团队成员在开发过程中每天都会进行多次常规性的非正式沟通，其形式可能是面对面交谈、电话或 Email，内容涵盖产品开发全流程。良好的沟通能够打破项目成员间及职能部门间的障碍，确保相互之间能够理解其工作方式和内容，形成良好的协作关系。因此，将项目团队的核心成员安排在同一空间内工作是较为合理的，彼此的工作位置安排应当适合发起公开的、非正式的交谈。另外，项目团队成员需要有用于传输文件的正式的工作邮箱和文件共享区域，以便于工作中随时进行必要的信息交换。

（2）会议沟通

会议是较为正式的沟通方式之一。通常，大多数的项目团队会至少每周举行一次例会，用以对开发工作的进度、阶段性成果、遇到的问题以及下一步的解决方案进行讨论。当然，对于一些开发节奏较快的项目，会议的频率也可适当增加。需要注意的是：会议的效率必须得到保证，重要的、需要商讨的事务才可以放进会议讨论，会议的时间及地点应当形成固定的常例，会议过程需要进行书面记录，必要的内容要进行文件的分发，以确保团队成员能确切地获取信息。

（3）进度展示

项目执行过程中将项目进度以图形化的形式公开展示是非常重要的，有助于帮助团队成员随时了解自己目前所处的阶段、工作进程、未完成的工作内容等，便于合理地安排工作时间。一般在中小型项目中，项目负责人会全程监测进度，对于大型项目而言，可以设置专门的进度监测人员定期更新和发布进度，并向项目负责人汇报。

（4）备忘录

项目负责人应当在每周末编写每周的项目进展状态备忘录，并通过文档的形式发送给整个开发团队，其内容包括本周已完成的工作内容、重要的决策和更新，同时列出下一周需要进行的工作内容，特别要列出其中关键性的事件。备忘录内容可能与会议内容有所重合，例如会议重要内容的记录等。

（5）项目激励

项目负责人通过对日常工作进程的评估，对团队成员做出相应的激励有助于使他们全身心地投入到项目中。激励的方式通常有：职位的晋升、加薪、奖金等。另外也有一些非制度性的激励，如：员工聚会、生日聚餐等。

（6）流程文档

在开发过程中，每个阶段都需要有相应的记录，当中包括：开发活动以及其使用到的方法、功能描述和实现方式、创意和概念的抽象描述、草图、文案、CMF 报告、相关人员及职能、重要的事件和节点等一系列内容。这些文档有助于帮助项目管理者更好地把握方向，筛选信息、优化开发过程。

2. 项目日常评估

项目负责人或决策者必须在项目过程中对项目进展和其状态进行评估，以判断项目进展方向是否正确，是否需要启动纠偏措施。对于中、小型产品项目，负责人比较容易进行评估，一般可通过例行的会议和日常管理工作得到相应的判断。对于专业性极高的产品而言，也可以通过聘请外部专家的方式进行评估，以确保意见的专业性和客观性。对于大型的、复杂的项目，则需要组建一个评审小组，通过对项目关键节点的评估得出意见。

需要注意的是：项目负责人或决策层要避免对项目过度干涉，以造成对团队的制约和负面情绪的产生。

评估的主要内容包括：

（1）项目进度

项目负责人需要在日常管理中把握进度的节奏，特别是对时间要求高的产品项目，更需要格外关注。根据项目中开发活动的重要等级合理调整时间，对于不可避免的时间的推迟，需要有相应的预案以弥补时间上的损失。

（2）项目所采取的方法

产品开发过程中不同的阶段、不同的职能部门所采取的工作方法是不同的，项目负责人需要根据进度的快慢以及其相应的成果来判断工作方法是否具有足够的效率，如果答案是否定的，就需要及时作出调整。此时需要注意的是：有些时候产品的技术研发可以由外部引进技术代替，但与企业总体的开发策略相悖，这时应当服从于总体策略。

（3）团队成员的绩效

这里要关注的主要是团队成员个体的工作量和成果。如果成员个人工作量严重超标，需要考虑增加人手或分解任务以分担工作，如果不达标则要根据具体情况进行人员调整或调整工作计划。对于个人成果而言，需要根据其在项目中的复杂程度、重要性等因素进行判断。项目负责人切忌简单地用表格和数字进行衡量。

（4）关键性的成果

这里的成果不是团队成员个人的工作成果，而是指项目整体的进度成果。某项关键技术的研发可能包含多个领域的细分工作，比如产品外观设计既包括造型也包括材料、色彩等方面的具体工作，这些都是由各成员分工协作的结果。项目负责人需要对项目进程中关键性的成果进行合理的评估，如：成果是否按期完成，是否达到既定的技术指标等。

（5）成本

尽管在项目之初就会有专门的成本预算，但在具体的实施过程中，由于技术研发的不确定性、产品设计的反复性，预算往往会被超出。项目负责人需要根据进度、总预算等因素对此有合理的评估，以找出问题所在，将成本控制在合理范围之内。

3. 纠偏措施

当通过评估发现项目中存在不良偏差时，项目团队就应当启动纠偏措施来保证项目的正常进行。这些偏差一般都表现为进度的延迟，但其具体原因往往是多样化的，通常可以采取的措施包括以下几点：

（1）调整项目组成员

项目负责人需要在项目过程中清晰掌握团队成员的专业技能水平、工作能力和精神状态，这在很大程度上决定了项目的成败。对于其中的短板需要做适当的调换，对于人力不足的情况可以根据实际情况临时性地或永久性地增加团队人员数量。需要注意的是：调整幅度要在可控范围之内，以避免因人事上的磨合消耗过多的时间。

（2）重新安排工作场所

工作场所的不适可能会引起工作效率的低下，例如外观设计的过程中可能面临多次打样，设计师的工作场地与打样车间相距过远会导致时间大量浪费在来回的路程上，因此要适时地根据工作需要对工作场地进行调整。

（3）调整激励机制

对于工作效率高的职能部门或团队成员要进行合理的奖励，而对于不能够全力投入的部门或成员则需要根据具体情况进行处罚，这可以使团队整体充满活力，以提高整体的工作效率。需要注意团队成员的情绪因素，以免产生负面效果。

（4）聚焦开发过程中的核心工作

项目负责人本身要能清楚地意识到项目中哪些是对进程起到至关重要作用的核心工作，哪些是不重要的活动，从而将资源合理地倾向于核心工作，保证项目的进度。一般可以用重要／紧急四象限图来进行梳理。

（5）使用外部资源

开发团队可以通过使用外部资源来弥补自身开发能力上的不足、人手上的短缺或开发时间的不足。例如：一些企业在没有产品设计部门的情况下，可以通过聘用设计顾问或外包设计的方式进行产品外观及相关设计，本企业只需要专门从事技术研发即可。也有的企业会在开发任务繁重、时间紧迫的情况下，将一部分非核心工作交由外部公司进行。

（6）改变会议或汇报频率

通过改变团队例会或项目成员汇报的频率，如增加每周例会的次数，由一周一次改为一周两次；项目成员汇报由按项目阶段进行改为按固定日期进行等，可以形成紧迫感，有效地提升团队工作效率。

（7）变更项目进度或工作方法

如果以上所有方法都没能达到预期的效果，那么项目团队必须考虑对项目进度本身进行调整，评估哪些阶段任务是不可更改的，哪些阶段任务需要合并或分解。另外，工作方法也需要相应调整，如：技术路径的演进、产品设计的程序等。

（三）项目后评估

项目完成后有必要对整个项目的工作过程及输出成果进行评价，为项目团队成员及企业提供经验总结，对今后其他项目开发是有益的。评审的过程被称为项目后评估，其形式通常是开放式的讨论。

1. 参与评估的人员

（1）项目团队成员

由于项目团队成员参与整个开发过程，因此对各阶段本职工作的总结通常最完整，通过流程文档、备忘录等文件记录可以对项目过程中重要的问题进行翔实的梳理，项目管理者可以从整体高度上做较为完整的评估。

（2）企业决策层

决策层可能直接参与到项目过程中，也可能没有直接参与，但一般能够从企业整体发展的角度对具体项目提出相关意见。

（3）外部专家顾问

外部专家通常是某一专业领域的学者，往往可以从专业角度和理论层面提出指导性意见。

（4）项目团队外的相关人员

财务、供应商、技术支持等项目团队外的人员可以从各自参与配合的工作角度对项目的协作、资源调动等方面提出建议。

2. 讨论的问题

（1）团队是否按计划完成了项目

对照项目进度计划逐项进行检查，项目整体目标的达成和阶段性目标的达成都需要进行评估。对于没有完成的目标需要分析原因。

（2）项目中哪些方面最应受到肯定

主要指开发时间、开发成本、产品质量、技术的可靠性和创新性、生产成本、内部资源、外部资源等。需要对这些要素加以记录，作为其他开发项目的范本。

（3）项目中哪些方面最应受到批评

内容同上，需要找出原因，根据具体情况分析其是否可以避免，如果不能避免则需要检查项目计划的制订、人员的配置、管理方法等方面是否有偏差。

（4）哪些思路、工具、方法对项目产生了积极作用

主要指技术解决路径、产品设计方法、应用到的软件或硬件、团队协作的方式等。需要进行记录，作为其他开发项目的范本。

（5）哪些思路、工具、方法对项目产生了负面作用

内容同上，对于负面要素需要考虑其原因何在，可用哪些对应的要素代替。

（6）团队遇到了什么问题

主要以团队成员自述和项目负责人总结为主。

项目后评估是开发项目的最终环节，其形成的报告可以用于未来其他项目的前期规划，帮助项目负责人在制订新的项目进度计划时更具有前瞻性，帮助团队成员识别项目中应避免的问题。同时，对于企业整体来说也是极具价值的数据源，能为项目中出现的问题的追责提供准确的依据。

第三节　互联网背景下的产品开发设计

互联网可以说是自第三次工业革命以来对人类日常生活影响最广泛的技术了。从最初的应用于军事领域，拓展到如今网购、社交、移动支付、在线教育等各种民用领域，可以说现代化生活方式已经与网络深深地交错在一起，变得难以分割。这种影响对于产品开发而言也同样不可避免，工业4.0、不断新生的电子商务模式、众创众筹等创新制造模式层出不穷，传统的制造行业也在互联网的冲击下寻求新的发展和突破。产业链内部、行业之间通过网络建立了更为广泛和深层的联系，企业的决策层、管理层，乃至各职能部门的运行机制也相应发生改变，扁平化的管理在大型企业中也更加具有了实施的可能性，对于中小企业而言资源的短板在一定程度上被网络的优势所弥补。创新的外延和内涵在互联网环境下都被极大地扩展了，具有各种才能的人和团体不再是旧环境下的孤岛，通过各种平台和渠道形成产品创新的推动力量。

一、基于互联网的产品开发环境

由于身体机能老化的原因，很多老年人有夜间起床上厕所的习惯，但起床时在黑暗中寻找灯的开关是一个令人非常不愉快的体验，同时灯光也会影响身边人的睡眠。因此我和我的团队决定开发一款能够解决这一问题的产品。我们通过网络调研和访谈调研明确了用户需求，通过场景模拟、人机实验确定了产品功能及操作方式，其后通过互联网与技术人员进行沟通，编写程序并制作了感应照明芯片，同时利用网络与不同地区的材料商、制造商交换信息并完成采购和样机制作。整个过程都没有像过去那样依靠人员频繁出差沟通来完成，如果没有当今发达的互联网技术，这款产品的设计生产是不可能如此快速落地的。这充分说明，产品开发的环境对其过程和结果有着极其重要的作用。

（一）社会环境

从总体上说，社会环境制约影响着所有社会生产、生活事务的产生与发展。在互联网时代，由于信息的传播速度不断加快，人们对于世界各地资讯的了解不断加深，企业对于市场、行业、竞争对手的动向也有着越来越敏锐的洞察力，新产品开发的意愿和动机空前强烈。同时，由创新、创业而成就的时代成功者就像是一面面旗帜，不断刺激着后来者前仆后继地加入新产品开发的行列中。我们固然可以说这是一种躁动的扎堆状态，但大量的产品创新及提升也源于这种量的积累。

（二）技术环境

技术对于产品开发而言是极为关键的要素。从近现代人类制造产品的历史来看，每一次技术上的革命都会带来一大批类型产品的诞生，如内燃机技术使汽车、火车等现代化交通工具成为现实，集成芯片造就了个人电脑及其相关产品。当今，互联网技术的飞速发展不仅仅使人类的交流速度得到了提升，更重要的是引发了信息与资源的共振，使许多以往仅存在于理论中的技术得以实现，如大数据、云计算、物联网等。而人工智能、新型的制造业体系也都由于互联网的发展而迅速崛起。在这种技术背景下，传统企业的产品开发优势逐渐被消解，很多传统的产品类型也逐渐被淘汰，掌握新技术或新理念的个人或中小企业能够凭借互联网的优势快速发展起来，传统的零售行业的衰落与电子商务的快速发展就是有力的例证，很多以往的软件公司凭借其技术优势通过整合设计、生产、流通等要素进行新产品开发，快速占领市场。

（三）金融环境

金融资本的大量涌入是互联网时代的一个重要特征。从经济学的一般规律上讲，资本总是流向高利润行业。互联网经济带来的巨大经济效益必然会使更大量的投资涌入，并促使其从一个行业扩张至另一个行业。这种趋势从创业领域可见一斑，大量的投资公司向具有新技术、新理念的个人和小微企业注入资金促进其发展，并最终从中获益。这一方面是基于投资人独到的投资眼光，更重要的是互联网为其带来的大量信息帮助其生成准确的、前瞻性的预判以及多样化的沟通渠道。这在互联网发展之前几乎是不可想象的。

（四）资源环境

如前文所述，资源对于企业开发新产品本身就是一种驱动力。互联网背景下，资源的信息交换及流通变得异常活跃，一名异地游客的到访可能使全世界的人都知道此地的独特物产或文化风情，一封邮件可能帮助一家企业迅速地在物资匮乏的地区抛售掉自己的积压产品。更重要的是，对于产品开发者来说，通过互联网他们可以以最快的时间获取开发过程中所需的人员、技术、材料等资源，并且可以在很高的效率下精准地进行比较和选择。

（五）政策环境

在我国，政府大力支持互联网及众创、众筹，这给新产品的开发提供了良好的政策支撑。

二、互联网时代的产品设计趋势

基于互联网在生产、生活等领域的普遍应用，当今很多领域的产品设计都表现出了具有一致性的发展趋势。例如：消费电子产品、日常家居产品、家具、通信产品、运动设备等等。这些趋势表现在技术、使用方式、形式等多方面。

（一）万物互联

互联网最令人着迷的就是将人与人、人与物、物与物之间的距离拉近乃至于消解，时空不再成为障碍，反倒使万物之间的关系变得更为巧妙。首先，人们操作产品不再单纯依靠物理上的接触，远程操控必将成为一种普及化的操作方式。试想：当我们出差在外突然发现有一份重要的文件忘记拷贝，通过远程操作电脑开机并传输所需文件到自己手中，省去了多少繁琐。其次，产品与产品之间的互联也将变为常态。办公室的电子设备相互连接，实时进行文件录入、管理、输出等操作，不必再依靠USB之类的转接设备。日常生活中，各种电器相互关联，由其中一台作为“主机”实现对家庭设备的全面管理，即使全家出门在外，也能对家中电器实施操控。再次，个人设备与公共设施、服务的连接。当用户开车前往商场购物时，不仅可以通过网络导航选择最佳路线，还可以与商场停车场甚至商铺形成信息的联动，确保自己在到达时有停车位和相应的商业服务等。这些情况有的已经在初步实现阶段，有的还需要经过一段时间的发展。但无论如何，产品都将会带领我们进入一个更加富有联系的生活环境。

（二）智能化

互联化的结果之一就是必然要求产品日益的智能化。产品在连接的过程中以及连接后的操作中要求有相应的信息传递及操控关系，这个过程如果需要非常复杂的人工干预，其用户体验一定是非常差的。同时，由于涉及大数据、云计算等领域，人与产品间的交互也越来越需要智能化的支持，产品后台的计算及响应速度应当充分契合人的需求。例如：一台冰箱可能需要根据用户的身体状况对其存储的食物营养成分进行分析，并对用户给出饮食上的建议，比如哪些食物适合食用，哪些应当限制食用，用户还需要通过食用哪些食物来补充身体所缺少的营养。这些功能的实现都需要产品具有一定的智能化，其运作可以通过产品自身的运算能力，也可以通过云计算来实现。总之，任何与我们生活相关的产品通过与电子设备合理的结合都可以具备智能化的特性。

另外，人工智能的快速发展也预示着一个产品的新时代的到来。在未来很多以计算为基础的工作将被机器所取代，其运算优势及越来越低廉的成本会使产品的智能化进一步提升，甚至初步具有一点“人情味”。产品能以更接近人类的方式与用户进行沟通，例如银行中的服务机器人不再只会呆板地按照预设程序向用户发问、回答及做出其他反馈，它们可能会跟老年人寒暄、与青年人打趣、逗小朋友开心，准确地判断用户问出的模棱两可的问题，并给出合理的应答和相应的服务。汽车上的防困倦设备不再单纯地依靠驾驶者眼睛眨动的频率来判断其是否疲劳驾驶，而是可以通过多种不同要素进行综合的判断，并提醒驾驶者如何保证安全行驶。

（三）平台化

请认真回想一下智能手机给你带来的最大的便利是什么？是通过网络进行社交吗？是游戏带来的欢乐时光吗？是导航软件为你显示的精准出行路线吗？抑或是订餐软件帮你足不出户就尝遍天下美食？可以说都是，也可以说都不仅仅是。事实上，智能手机最让我们高兴的是其开放的平台可以容纳不同种类的App，实际上就是容纳了无穷无尽的可能性。互联网时代的许多产品都将会具备这一特征。通过网络链接，大量的功能和服务根据使用场景的不同集成在各种平台化产品上，方便用户携带或放置，减少了重复购买，甚至在操作上也趋向一致。用户的思绪不必在不同的产品间跳跃，不再需要保存和学习不同的使用说明书。试想在居家生活中，通过一张茶几就能实现煮茶、游艺、社交、视频、购物等不同功能，家庭主妇在厨房忙碌时通过可视化的橱柜可以同时监护幼儿、与好友聊天、查询购物信息等，人们的生活环境将发生全面的改变，甚至生活形态都会发生彻底的改变。

（四）平面化

电子显示屏充斥着整个文明世界，在城市的任何角落几乎都有它的身影：街头巨大的电子广告牌、商场中悬挂的各种用以促销的视频播放设备、人人都不时从口袋里掏出的手机等等。似乎人们面对一块平面就能解决一切问题，就如同魔法世界中的水晶球一样。由于触控操作技术的广泛应用及电子显示屏生产成本的不断降低，任何与图像有关的产品都会围绕屏幕进行设计。传统上与图像无关的产品想要与互联网链接也都会想尽一切办法将显示屏纳入其中，通过独特形态传达的符号、语义等很多过去产品设计中强调的要素在逐渐被消解，屏幕作为这个时代当之无愧的核心交流媒介理所当然地成为设计的核心。在几乎所有此类产品的发布会上，人们最关心的除了处理器是否得到加强之外，就属屏幕最引人注意了。

（五）可穿戴

2012 年 4 月，谷歌眼镜的发布标志着智能可穿戴设备元年的到来，尽管在随后的销售中遭遇了低迷的状况，并于 2015 年宣布停止销售谷歌眼镜，但不可否认的是可穿戴设备已经开始大面积走入民众的视野和民用消费电子领域。可以预见，可穿戴是智能产品发展的必然趋势，这是由其大数据应用背景及用户需求所决定的。智能产品必然需要大量数据作为其记录用户行为、生成相应模型的基础，而用户也更倾向于携带轻便、小巧且与自身融为一体的智能设备。可穿戴设备的发展将会沿着以下几个主要方向进行：

1. 从外观形式上说

其一，单独佩戴的可穿戴设备。这类产品不与其他产品产生直接的硬件连接，用户直接将其穿着、佩戴于身体部位，如：目前常见的智能手环、眼镜等。当然也会与其他饰品相结合根据功能和场景发展出智能项链、戒指、耳环等产品。

其二，与衣物融合的可穿戴设备。这类产品与日常衣物结合在一起，用户在穿戴过程中感觉不到其存在，也不会影响用户的体验。通常这类产品需要依靠新型的纤维材料及传导材料来解决其与衣物的结合、耐弯折性能以及信息传输等问题。

2. 从功能用途上讲

其一，专门为某种工作或某一领域设计的可穿戴设备。在一些较为特殊的工作领域和环境中，用户与工具间的关系是非常紧密的，还经常出现同时操作多种工具的情况，此时单纯依靠双手是很难高效解决这一问题的。例如：消防人员在扑救火场的时候需要同时判断现场灾情严重程度、分析火源及危险因素、搜寻被困人员、分析行进路线、团队通信、选择适合的灭火方式等。这一系列操作过程需要在短时间内以最合理的解决方案实施。消防员可以通过可穿戴设备进行实时通信、引导搜救等任务，同时也能够向指挥中心实时上传自己的身体状况信息，以便指挥中心及时地进行人员调整，减少伤亡。其他较为特殊的工作环境中也适合使用这样的可穿戴设备。

其二，适用于日常生活及一般性事务的可穿戴设备。这类产品属于平台类产品，具有较广的应用范围，目前常见的智能手环等产品都属于这一范畴。

三、互联网时代的产品开发方式

互联网可以被认为是一种工具，但其对人类生产、生活产生的影响无法简单地以工具的性能进行评判。由于互联网使信息传播的速度空前加快，几乎所有经由互联网传播的信息都产生了放大效应：热点形成快、消退快；扩散范围大；受众人数多；影响剧烈等。一款产品的优劣往往也会被迅速放大，产生拥趸、死忠、粉丝或黑粉等群体。产品开发者所获得的相应资源、信息也是海量的，因此传统的产品开发方式也会发生变化，以适应网络时代快速的市场变化。

（一）基于众筹的产品开发设计

众筹即大众筹资或群众筹资，是指用团购、预购的形式，向网友募集项目资金的模式。现代众筹通过互联网方式发布筹款项目并募集资金，由发起人、出资人和平台构成。项目发起人通过特定的网络平台为产品开发项目寻找投资人，出资人通过出资享受项目最终的产品成果，并获得一定的优惠。事实上，众筹并不是一种纯粹针对产品开发的模式，但其运作方式很大程度上刺激了互联网时代小微企业和个人的产品开发欲望，因此具有一定的典型性。其实施的过程需要注意如下要素：

1. 参与者

（1）项目发起人

众筹项目发起人通常是那些在资金上有较大缺口的创意者或小微企业的创业者。但也有个别企业为了加强用户的交流和体验，在实现筹资目标的同时，强化众筹模式的市场调研、产品预售和宣传推广等延伸功能，以项目发起人的身份号召公众（潜在用户）介入产品的研发、试制和推广，以期获得更好的市场响应。通常项目发起人必须具备一定的条件（如国籍、年龄、银行账户、资质和学历等），拥有对项目 100% 的自主权，不受其他因素控制，能够完全自主地安排项目目标及进度。在项目发起之初，发起人要与众筹平台签订合约，明确双方的权利和义务。

（2）众筹平台

众筹平台本质上是中介机构，也是项目发起人的监督者和辅导者，还是出资人的利益维护者。上述多重身份的特征决定了众筹平台的功能运作复杂、责任重大。

首先，众筹平台需要以网络技术作为支持，在相关法律法规框架内，采用虚拟运作的方式，将项目发起人的创意和融资需求信息发布在网络平台上。为了保证项目的真实性、合法性和可行性，在项目上线之前必须对项目发起人进行细致的实名审核，确保项目内容完整、可执行和有价值，确定没有违反项目准则和要求。

其次，在项目筹资成功后要监督、辅导和把控项目的顺利展开。而当项目由于某些原因无法执行时，众筹平台有责任和义务督促项目发起人退款给出资人，保障出资人的权益。

（3）出资人

众筹项目的出资人往往是数量庞大的互联网用户，他们利用在线支付方式对自己感兴趣的创意项目进行小额投资。公众所投资的项目成功实现后，对于出资人的回报通常不是资金，而是一个产品样品，或小批量生产的产品。如：一套定制的茶具、一辆具有特殊功能的自行车等。出资人资助创意者的过程就是其消费资金前移的过程，这使资金匮乏的开发者具有了开发新产品的可能性，生产出原本依靠传统投融资模式而无法推出的新产品，同时提高了生产和销售等环节的效率，也满足了出资人作为用户的小众化、细致化和个性化的消费需求。

2. 适合的产品类型

首先，由于众筹的发起者往往都有资金上的缺口和需求，而通过网络平台募集的资金是比较有限的，出资人所愿意承担的风险也较小，因此较为昂贵的产品通常不适宜通过众筹的方式进行开发。也可以说，价格较易为出资人接受的产品更加适宜众筹的开发方式。

其次，资金的限制直接影响到产品的技术含量，开发者难以组建完备的开发体系和人员构成。产品的核心技术通常是自己能够掌握的，研发的力度和深度都受到了一定的限制，同时周边资源的获取也较为有限，因此较低技术含量的产品适合众筹的开发方式。

综合以上两点我们可以发现，在目前的众筹模式下，项目往往以家居小产品、文创产品、小工艺品、中小体量的家具、图书出版等为主。

3. 开发方式

基于众筹模式的项目通常是具有明确目标的、可以实施的且具有具体完成时间的产品开发活动，其具体的产品设计流程与一般性的产品设计并无太大区别，但在整个开发过程上则有一些特点：

（1）开发团队

众筹模式下的产品开发团队通常人数较少，项目发起人往往就是团队核心，既是项目决策者、负责人，也是具体的执行者，同时也是整个开发过程财务方面的管理者。开发团队中的成员一般需要身兼数职，同时开发工作可能并不是他们的全职工作，只能利用业余时间进行，这是与一般企业的开发团队最大的不同。

（2）开发周期及项目进度

基于众筹模式的产品开发通常开发周期不宜太长，并且其上线众筹时间通常不是项目启动时间，而是前期设计开发工作已经基本完成，产品模型或样机已经制作完成，出资人能够看到产品的基本样貌，众筹的启动往往是通过募集资金完成批量化生产的过程。由于开发团队可能不是全职人员，同类型的产品开发周期会比企业要长一些，但仍要注意必须保证项目进度在可控范围之内。

（3）开发流程

立项阶段，开发者需要先根据市场需求结合自身能调动、支配的资源对项目进行预估，并筛选出具有较好市场前景的产品方向。同时，开发者需要组建项目团队，确定人员职能分工、准备相应的工作场地及工具等。

方案设计阶段与一般产品设计流程相同，但需要注意的是基于众筹的产品开发一般规模较小，因此前期的市场调研通常规模不会太大，更多地依靠开发者本身的经验和对市场的感受能力。在这一阶段，开发者需要制作出用于功能验证的产品原型，并最终制作出完整的产品样机。

众筹阶段，开发者必须在产品样机的基础上制作一系列用于推广的素材，如产品效果图、版面、演示视频等，以便于在众筹平台上进行发布。在这一阶段，开发者需要对前期开发成本、首批生产数量、批量生产成本、利润、批量生产周期等要素进行全面的分析和估算，并给予出资人准确的回报预期。在获得预期的资金后即可着手批量生产，如未获得预期的资金则终止项目。

批量生产阶段，开发者对生产方式、原材料采购、合作供应商等要素进行整合管理，保证生产环节平稳顺畅，能够在预定的交货期完成订单。同时，开发者也必须进行品控管理，确保产品质量能够达到出资者要求。

产品交付阶段，开发者需要对产品包装、运输等环节进行整体运作，确保产品能够如期交付。同时还要对整个项目进行最终的总结和资金结算。

（4）成本控制

开发者在发起众筹之前就应当对项目的整体成本进行准确地核算，以确保在达到产品预期效果的基础上获得适当的利润。因此，稳定、可靠的供应链就显得非常重要了。产品选用的物料、零部件等必须有准确地计算，且在设计过程中就要考虑到哪些部分可以通过使用标准件来降低成本。但需要注意的是：成本控制必须建立在品控基础上，否则由产品的质量问题导致的退货将给项目带来巨大的负面影响。

（5）后续市场

一件众筹产品在获得初步的市场认可后就可以考虑扩大产量及销售规模了，这时开发者需要更多地考虑到产能、分销渠道及销售方式等因素，同时要利用好前期的口碑效应促进产品的销售。另外，对获得广泛市场好评的产品而言，知识产权的保护至关重要，开发者必须及早进行相关专利的注册工作，同时在无法确保知识产权得到良好保护的情况下，开发者必须加快新产品开发的脚步，通过不断快速推出新产品占领市场来确保自身利益不受侵害。

（二）基于众包的产品开发设计

众包指的是企业或机构把过去由内部员工执行的工作任务，以自由自愿的形式外包给非特定的（而且通常是大型的）大众网络的做法。通常，一些企业会将部分设计开发业务交由企业外部的机构或团队执行，这些外部的机构或团队一般都是具有较为专业的行业资历，能够独立完成相应的设计任务。众包与外包的区别：首先，外包仍然是一种传统的雇佣方式，承担设计任务的机构、团队与项目发起者常会保持一种紧密、相对稳定、甚至长期的合作关系；而众包则是一种项目发起者和参与者松散、随机的合作方式。其次，外包的开发模式中，承担设计任务的机构、团队一般是高度专业化的；而在众包模式下，跨专业参与开发创新是其核心理念，通过不同专业领域的相互渗透，参与者既是设计的承担者，也是用户群体的一部分，能从更广阔的视角对新产品的开发进行审视，并提出新的思路和解决方案。

1. 参与者

（1）项目发起人

基于众包的产品开发通常是由企业发起的。出于获得跨领域研发优势、降低研发成本、获取消费群体反馈等目的，这些企业会利用互联网平台发布任务，并提出具体的要求、标准、薪酬和时限。

（2）众包平台

众包平台往往以网站的形式存在，通常会吸引各个领域的爱好者加入。项目发起者在平台上发布任务，平台负责将这些任务分门别类地推送出去，吸引网站会员来完成任务，有些情况下也会定向推送给一些有要求的网站会员。众包平台通常依靠收取项目完成的佣金分成来盈利，也会通过一些对会员的增值服务来盈利。同时，众包平台还负有项目资金托管、全程项目监管的责任，以确保项目发起者与项目参与者的利益。

（3）企业外部人员

参与项目的人员通常来自企业外部，其专业技能是非确定的，但至少会是该项目领域的爱好者。有趣的是：在一些调研中发现，这些来自企业外部的项目参与者越是对某个领域不熟悉，就越是容易出成果，这很可能是因为视角不同所导致的创新路径不同。

2. 适合的产品类型

基于众包的产品开发在产品类型上几乎没有什么限制，因为其目的就是获取跨领域的研发优势。但是对于一些系统性、专业性极强的产品而言，众包的方式就不是那么高效了，如交通工具设计等。在具体的项目任务形式上，可能是要求设计一款产品的外观、结构，也可能是某项技术上的攻关。

3. 开发方式

从本质上讲，基于众包的产品开发是将人的知识、智慧、经验、技能通过互联网转换成实际收益的模式，其开发流程与传统的产品开发流程有明显的区别。

（1）开发团队

基于众包模式的产品开发团队在人员构成、工作分配和管理等方面都较为复杂。首先，在人员构成上分为企业内部人员和企业外部人员。项目的发起者、指导者和管理者通常是企业内部人员，他们负责把控产品开发的整体走向、进度，而具体的实施者则通常是企业外部人员。从理论上讲，基于众包的产品开发设计能够提升作业效率、减少人力成本，但是这类开发团队基于互联网平台，是一种虚拟的组织管理形式，项目管理者与团队成员是松散的合作关系，团队成员的工作时间和工作成果较难得到保障。因此在实际的开发过程中，管理者需要制定一系列有效的考核机制、奖励机制和淘汰机制才能保障开发项目的顺利进行。

（2）开发周期及项目进度

基于众包的产品开发设计在开发周期和进度上具有一定的不确定性和较大的弹性。由于项目参与人员可能来自不同领域，专业技能、工作时间都具有较大的差异，某个突然产生的解决方案可能会推动项目迅速完成，也有可能在预定的开发周期内都没有找到最佳的产品解决方案，导致项目进度滞后。因此，项目管理者的引导就起到了至关重要的作用。

（3）开发流程

立项阶段，开发者除了明确产品的整体开发方向外，还需要对项目中重要的任务进行分解，并确定哪些需要通过众包来解决。

任务发布阶段，开发者将需要众包的任务发布到众包平台，并设置相应的要求、薪酬、时限等要素。此时，开发者对于平台和参与者的选择至关重要。

具体的设计开发阶段，开发者需要同时兼顾企业内部及众包平台两方面的项目管理，需要根据产品的类型及复杂程度选择采用垂直管理还是扁平化管理的模式。企业内部团队的管理较为直观，控制力一般较强，而对于众包平台的团队管理则需要依靠合理的奖励机制和淘汰机制做到强有力的方向把控。

产品的最后整合阶段通常回归到企业内部团队，以确保设计方案与后续的生产、销售等环节做到良好的对接。

（4）成本控制

众包的优势之一就是产品开发的资金成本较低。需要注意的是，由于企业外部团队的人员素质参差不齐、资源量大但质量不平均，因此时间成本可能难以掌控，这就要求开发者对外部团队的引导性要强。

（三）基于大数据的产品开发设计

由于互联网以及其他无线传输技术的大面积应用，使现代人的生活几乎像生活在数据中，无论是起居、社交、餐饮，还是运动休闲，都有源源不断的数字信息产生。这些信息规模巨大，同时增长速度极快，也被称作大数据。麦肯锡全球研究对大数据给出的定义是：一种规模大到在获取、存储、管理、分析方面大大超出了传统数据库软件工具能力范围的数据集合，具有海量的数据规模、快速的数据流转、多样的数据类型和价值密度低四大特征。这些数据通常来源于受监测的自然环境，如气象、地质地貌、野生动物、自然植被等；人化环境如人类的居住空间、人类个体及群体、各类产品及其他人造物等，最终形成如环境卫星数据、基因数据、GPS及地图数据、数字图像、个人信息以及社交媒体数据等。大数据的价值不在于其本身，而在于对其处理的手段。由于数据量巨大，且获取的数据种类繁多，有效信息和无效信息往往是混杂在一起的，因此价值密度较低。而处理的目的是探求事物的运作机制、人的意图及动向，因此必须使用合理、高效的手段对大数据进行处理。

我们强调产品开发是企业商业活动中的一个重要环节，同时其自身也是一个非常复杂、庞大的系统。其运作的方式、机制决定了最终产品的品质以及后续研发的可能性。传统的产品开发思维是相对固态、封闭的，主要依赖开发人员的主观判断。而通过大数据的处理及分析，企业决策者及设计师能够依据更为高效、真实、客观的数据对市场及用户需求展开趋势性预测，并以需求驱动和更为合理的方式进行产品开发。

1. 参与者

（1）产品开发者

以大数据为基础的产品开发项目通常是由企业发起的，因为大数据的收集、处理需要一定的资金支持，数据规模越大越可靠，资金需求量也就越大。很多虚拟产品的开发依托于网站，因此相对的资金需求会比硬件产品开发要少，可以个人或小型团队发起项目。

（2）数据平台

开发者基于大数据进行产品开发的过程中可以选择自建内部数据平台或借用外部数据平台。自建数据平台通常需要较大资金投入，配备专业的大数据算法建立及处理人员，投放或借用一定量的数据采集设备等，优点是产品开发目标指向性强，但前期投入较大。外部数据平台包括专门提供大数据服务的企业或相关的网站、机构等。这些平台自身通常具有较为专业的数据采集、处理团队，其业务范围也较为广泛，企业可以通过购买数据或租用平台、团队的方式进行产品开发，成本相对较低。

（3）数据提供者

大数据的来源非常广泛。从产品开发角度来讲，广大的用户群体是最重要的数据来源。从数据提供的方式上可大致分为主动提供者和被动提供者。主动提供者往往具有一定的网络交流能力，认知能力较强，对于产品的功能和体验有着较强烈的诉求，愿意主动参与到产品的开发过程中。例如：很多用户主动通过网络问卷调研、论坛讨论等形式为开发者提供想法。从年龄上说，一般以青年人为主。被动提供者往往对相关产品的诉求较低或认知能力较弱，不具备通过网络进行顺畅交流的能力，因此他们的数据信息是经由数据平台或一些硬件设备通过较为隐蔽的方式获得的。例如：一些企业通过用户在网络上留下的购物信息、网页浏览痕迹等采集用户的消费兴趣、习惯等数据。从年龄上说一般以老年人为主，但并不仅限于老年人。

2. 适合的产品类型

得益于对用户潜在需求和市场趋势的预测，基于大数据的产品开发模式适合大部分消费型产品的开发，特别在一些与用户体验、行为模式紧密联系的产品领域具有得天独厚的优势。

3. 开发方式

（1）开发团队

基于大数据的产品开发设计团队与一般的开发团队最大的区别在于大数据采集、处理团队的引入，设计师可能会在开发过程中承担部分相关内容，但专业的数据采集及处理工作仍应交由专门的人员进行，设计师的工作重点应是对大数据的应用，如趋势性研究等。

（2）开发周期及项目进度

基于大数据的产品开发周期长短与大数据部门的参与方式及数据处理等因素有关，企业自建大数据平台并在产品开发中起作用往往需要较长的周期，而与外部数据平台合作则周期相对较短。项目的进展速度取决于数据处理方式及设计师能否从中有效地发掘用户潜在需求并提出相应解决方案的能力。

（3）开发流程

立项阶段，产品开发者根据目标产品涉及的用户群体特征对选定何种大数据平台进行前期评估，并进行确认。

大数据收集、处理阶段，自建大数据平台的开发者通过数据主动提供者和被动提供者获取数据；借用外部大数据平台的开发者需要制定相应的目标，要求大数据平台提供相应的数据资料及进行初步处理。

设计阶段，设计师根据已有数据资料建立模拟人，并对其潜在需求及市场趋势做出预测，进而提出具有前瞻性的概念方案。随后进行设计深化，直至最终方案定稿。

生产阶段，开发者可通过相关的大数据平台对生产流程、物料供应、设备运转维护等环节进行整体性的调整，以确保生产的良性运转。

销售阶段，可根据大数据反馈对产品的设计方案进行调整、迭代，对库存变化、销售波动情况进行实时的监测，迅速对新的市场需求做出反应。

（4）成本控制

大数据的采集、处理以及平台的长期运转维护是产品开发过程中一项较大的成本支出，企业自建大数据平台需要设立专门的部门并持续投入成本，这对于企业产品开发的延续性有很大的帮助。使用外部大数据平台在短期内的成本是较低的，较适合中小企业的产品开发，但是对于具有长期产品开发战略的大企业而言，则很难保证其系统性。

从整体上说，互联网时代的产品开发设计模式具有两个共同的特点：整合创新性和大众参与性。所谓整合创新性是指：在用户需求的发掘上不孤立看待用户、场景、功能、载体等要素，而是将其作为一个相互关联的整体，寻求其相互间的联系，从而发现用户需求的痛点；在产品开发设计过程中不仅仅依靠原创性的技术为基础，更多的是将各种创意、技术、材料特性等要素以用户需求为纽带融合在一起，形成具有高度创新性的产品概念；在生产销售环节，将各种资源、渠道、人员、方法以合理、巧妙的方式整合起来，达到提高效率、降低成本、扩大市场影响、促进销售的目的。所谓大众参与性是指，无论是众筹、众包或是依靠大数据进行产品开发，都不可避免地需要最大限度依靠消费者的参与，这种参与可能是有意识的、积极的、主动的形式，如消费者转变为开发者或自愿为新产品开发提供资金、想法等；也可能是无意识的、消极的、被动的形式，如企业在消费者不知情的情况下进行数据的收集、分析，从而获得创意的过程。总而言之，消费者与产品开发者的身份边界将会变得更加模糊，产品开发行为将在互联网以及柔性制造技术的快速发展作用下日益中心化，这是一个不可逆转的趋势。

第六章　陶瓷艺术产品设计与开发

第一节　陶瓷艺术产品设计开发的原则

一、日用陶瓷艺术产品设计的原则

（一）“适用”原则

陶瓷艺术产品设计中使用功能是第一位的。随着经济的发展、科技的进步，人们越来越追求一种方便快捷的生活方式，这就对日用陶瓷产品的使用提出了更高的要求。什么样的设计才能满足现代人生活的需要呢？这就需要设计师进行深入思考，不能只凭主观思维随意想象，设计应该“以人为本”。在对日用陶瓷产品进行造型设计时，首先应该考虑它的使用功能，不能只追求造型的形式美而忽略合理的使用功能。只有从现代人的生活方式出发，掌握消费者的心理，才能设计出合理的陶瓷产品。所以，陶瓷产品设计必须遵循的第一条原则就是产品的“适用”原则。

（二）“经济”原则

这里所说的经济，其实包括两方面的意思，第一个是企业的生产成本，第二个是企业在生产中获得的经济效益。从生产的原料选择上，企业应就地取材，在条件允许的情况下充分利用附近及周边的原料和资源，节约运输的成本，进而降低原料的成本。在产品的设计上，整体简洁的造型可以更好地适应工厂大批量生产的要求，有利于提高企业的经济效益。整体简洁的产品能够大大的缩短生产周期，节约时间成本，适用于新产品的开发。在模型的制作过程中整体简单的造型不仅可以减少开模的数量，而且可以提高造型的准确性。开模数量越少就越可以有效地减少成型线。成型线可以影响陶瓷成品的美观，为了使造型更加漂亮就需要投入人力修坯，影响了生产效率，增加了人力物力的支出。整体结构复杂的日用陶瓷产品的模型制作耗费时间长，注浆成型需要人工操作，不利于大批量的生产。另外，整体简洁结构的陶瓷产品在包装上节省了空间，有利于产品运输，减少了运输中的破损率。市场上需要造型简洁的陶瓷产品。

从企业的经济效益方面来说，日用陶瓷产品要与现代人的需要相适应，从而促进消费。现代人生活节奏比较快，并且追求简约时尚的生活理念，非常注重自身生活品质的提高。日用陶瓷产品过于复杂的结构和装饰，反而会让使用过程变得繁琐，容易使人产生厌烦的心理。基于生产者和使用者两方面的考虑，“经济”原则是日用陶瓷设计必须遵循的原则之一。

（三）“美观”原则

一件日用陶瓷产品不仅需要满足使用者的功能需求，而且要给人一种美的感受。因此，在造型设计日用陶瓷产品时，要充分地把美学中的内容和设计手法融合到整个日用陶瓷造型设计中，二者缺一不可，要根据日用陶瓷造型的使用功能，陶瓷瓷质的特点进行选择。要根据日用陶瓷造型的特点选择适合的装饰手法进行装饰，装饰设计是在造型的基础上进行的，装饰必须要以造型为依托，为造型服务。装饰设计运用在单件日用陶瓷产品中，就能够起到强调整体造型的作用，使陶瓷产品内容非常丰富，并且富有观赏性。装饰设计还能应用在配套的产品上，可以把不同造型、不同功能的陶瓷产品，用统一的装饰图案或同一的颜色釉料进行装饰，使这些产品具有相同的装饰风格，在外观上统一，形成配套。这一装饰的手法在日用陶瓷中的应用非常广泛，比如一套餐具，其中包含了碗、汤匙、汤盘、碗等造型，它们各自具有不同的使用功能，造型各异，对它们进行统一的装饰，使之形成配套。

日用陶瓷产品的“美观”体现在日用陶瓷造型的形态美、装饰美和工艺美上，这些美需要设计师们充分利用陶瓷工艺材料和工艺技术来体现。

形态美，日用陶瓷产品的主体与日用陶瓷产品的构件都具有整体性和规则性，各部分都有机地合成为一个整体，给人以美感。

装饰美，日用陶瓷装饰艺术是通过装饰的纹样、釉料的色彩、表层肌理等来实现的。装饰纹样来源于人们的日常生活，并且与人们的生产生活有着密切的关系。装饰纹样的题材非常广泛，可以是动物、植物、人物和几何纹样。采用装饰纹样对日用陶瓷产品进行装饰主要是通过手绘方法或者陶瓷贴花方法来实现的。手绘是陶瓷艺术家根据器形的特点在日用陶瓷器皿上进行的创作，每一件作品都具有独特的艺术魅力、很高的艺术价值和收藏价值。花纸由机械印制，图案规整，非常适合大批量的生产。几何纹样是由点、线、面构成的抽象画面，在日用陶瓷的装饰中应用非常广泛，它与具象的画面相比具有独特的装饰效果，使日用陶瓷产品外观变得丰富、生动起来。

日用陶瓷产品的色彩通过器物胎体的颜色和装饰用的釉料颜色来展现。色彩对日用陶瓷造型有着非常强的装饰性。日用陶瓷原料是由黏土和不同成分的矿物质构成的。这些矿物质在高温作用下，会呈现出不同的色泽。日用陶瓷黏土中含有铁元素，铁元素在高温和氧化作用下，会使胎体呈现黄、红棕、棕等不同颜色。通常我们所看到的日用陶瓷的颜色是经过上釉和装饰后表现出来的颜色。中国最早的带釉陶器出现于商朝，随着科学技术的发展，配料方法的改进，陶瓷釉料的颜色也变得非常丰富。颜色多并不表示我们可以随意使用，在整个装饰过程中可以通过两种或者两种以上的色彩将造型分为几部分。在色彩上可以采用冷暖对比、色相对比来加强装饰性。但是需要注意的是，在对比中一定要主色和辅色相协调，即以一种颜色为主，另一种颜色为辅，使陶瓷造型在色彩上形成呼应，呈现出统一的色调。例如有一种施釉方法，是在陶瓷造型的外表面施颜色釉，而在内表面施白釉作为辅助。颜色在造型口部边缘形成非常鲜明的对比，将内外明显地区分出来，两种颜色相互衬托，使陶瓷造型整体所呈现的色调与外边釉料的颜色色调一致，增加了造型整体的表现力。

二、陶瓷艺术产品设计开发的原则

陶瓷艺术设计和其他门类的艺术设计在设计原则上具有较多共通之处，如果一定要列举其中的不同之处，则只有一个，那就是陶瓷艺术设计是在陶瓷材料和陶瓷工艺运用的基础上进行的设计工作，而其他艺术设计则具有自命的材料和工艺基础，甚至是没有任何具体材料和工艺限定的基础上进行的设计工作。例如，家具设计，由于木材、金属材料、塑胶材料、石材等许多材料和工艺均可用于家具制作，因而家具设计之初是针对“解决问题”去的，为了解决某种特定问题，进而选择某种特定材料或材料组合帮助完成设计。而陶瓷艺术设计从一开始就已经圈定为陶瓷材料，因而在设计之初就必须考虑陶瓷材料和陶瓷工艺的现实影响，尽管在现代科技和技术高度发展的当下，陶瓷材料和工艺难度对设计师的影响越来越小，但是设计师不得不考虑加工生产过程中的现实条件，毕竟不是每个企业都拥有世界最先进的生产设备和生产条件。而往往情况恰恰相反，尤其在国内许多中小企业由于多方面原因，其生产设备并不十分先进。因此，在设计过程中，设计师必须适当考虑人力与物力等多方面的因素，切不可盲目设计。

在陶瓷艺术设计的过程中，首先要遵循“创新”和“解决问题”的原则。这两者是陶瓷艺术设计的核心。之所以将两者并列为首要原则，是因为这两者不可分割，在任何时候都必须将这两者考虑进来。

其次，陶瓷艺术设计过程中须遵循相应的陶瓷工艺的客观规律和条件。任何设计师都不希望费尽心思之后设计的图纸与现实生产脱节，换句话说就是“做不出产品的图纸”。一方面是指现有设施设备的局限性以及陶瓷烧成过程中具有的客观性。前者较容易理解，后者主要是指烧成收缩比例、釉药流动性、釉药发色原理、烧成气氛、窑炉特性等客观方面的原因。另一方面，是指该设计或许已经超出现有工艺技术的范畴。因此，需要设计师积累众多种类的陶瓷制作和烧成工艺方面的知识与经验。

再次，图纸制作的规范性、策划方案的合理性也是陶瓷艺术设计过程中需要遵循的原则。近年来，市场上的图纸规范性问题比较突出，几乎每个设计团队都有自己的制图标准，而这些标准五花八门，各不相同，造成在流通过程中产生许多问题。行业内制图标准亟待规范，这是个较大的工程，需要较长时间。在此之前，设计师之间要尽量多沟通，尽量简单明了地标示图纸，干净整洁地绘制图纸，详尽整齐地排列图纸，将设计图纸进行编号装订。

第二节 陶瓷艺术产品设计开发的组成

陶瓷艺术设计的组成部分其实是一个随时调整组合变化的有机整体，其组合的依据是针对具体的案例需要选择的，没有必要生搬硬套，通常有如下几个部分可供选择组合：

一、设计项目立项

设计项目的立项是一件设计案例工作的开始，项目立项除了洽谈合作合同或设计委托合同之外，还需对该项目启动设计工作的必要性及紧迫性进行研究，并因此确定设计目标、时间安排等有关细节，最终形成相关文书以备查阅。通常该部分工作由甲方（委托方）完成，乙方（设计方）只是参与制定。现代设计服务已经发展到由乙方规划研究，系统考虑甲方需求和市场需求，主动为甲方提供预案，设计项目立项包括如下几部分内容：①项目启动研究调查报告；②设计概念说明书；③设计委托合同或委托协议书；④市场调查报告。

项目立项之后的第一项工作就是做市场调查，这是设计工作的特点，是由设计的本质决定的。了解市场，分析市场，解读市场是设计工作的基础。掌握市场的需求与不足，看清市场行情，分析市场的立足点等工作是十分必要的，通常包括以下方面内容：第一，该项目的市场需求度调查，包括主要消费群、消费者使用习惯、消费者反馈信息等；第二，市场现有类似产品的各方面数据调查，包括样式、质量、设计概念、功能、价格、推广模式、销售模式、设计师、材料及相关工艺等各方面的信息。最后总结两方面的优缺点，并提出建议方案。

市场调查工作常常被一些人忽视，这是不可取的，也是不科学的。因为市场瞬息万变，消费者的消费观念也在不停地变化着。大家经常在网络或媒体上看到一些中国人到国外旅行时，常常把旅行变成令人啼笑皆非的扫货。这一方面说明我们对市场的调查深度不够，甚至严重缺失，以致一些国人长期以来已对国内相关产品失去信心而只相信外国品牌（尽管国内产品的设计和质量也有非常不错的，却始终无法在消费者心中建立起信任）。其实，设计不仅停留在样式和外表形状等肤浅层面上，还包括质量、材料、工艺、使用功能、便捷度等方方面面的考量。设计方面的市场导向性研究值得我们重视。它能改变人们的观念，改变人们的思维方法和生活方式，如在人类历史上，器皿出现之前人们也许是直接趴在河边饮水，汽车出现之前人们的交通工具是马……普通人可以把这一切当作新闻或旧闻一笑了之，设计师却不能。

二、现有产品调查

在充分进行市场调查之后，需要将信息反馈到设计本身，根据相关资料和数据进行文案和设想方面的调整，力求尽可能把设计方向校准到正确的位置。这一部分工作无须过多强调，只要进行了深入的市场调查工作，通常情况下自然就会进入本部分的工作内容。

三、设计图纸集

这是设计的基本部分，也是可以将设计方案预想效果直接展示在人们面前的工作内容，通常包括图纸封面、图纸目录、设计文案、设计草图、三维效果图、产品使用过程预想动漫文件（大部分无须此项）、制作工艺图、图纸交底书等。

四、材料处理方案

在设计过程中，材料选择和材料处理方案是非常重要的设计部分，可直接体现作者的设计意图和产品的质量及状态。好的材料选择及处理方案除了满足设计预想效果外，通常还会带来许多令人惊喜之处，这是陶瓷材料和工艺数千年来长盛不衰的原因。

五、工艺选择方案

人们往往根据现有工艺技术和原料特性决定产品的设计与制作，这在古代也许是适应不同地域条件的极佳方法，但是在工业化和市场化的今天，其弊端已逐渐显露，带有极大的市场盲目性。陶瓷技术发展至今，积累了众多工艺技术技法。不同的设计要匹配不同的原料和工艺，这就需要根据设计意图和材料选择适当的工艺技术，从而促成设计目标的达成。

六、烧成方案

陶瓷的烧成至关重要，陶瓷的特殊之处也表现在烧成工艺上。中国古代的陶瓷工匠十分敬畏窑火。数千年来，掌握窑火烧成的窑头在工匠中的地位非常高，有时陶瓷产品的成败就取决于窑头的水平与意愿。窑头就是专门掌握烧成工艺火候的高级窑工师傅。通常窑头具有极为丰富的烧窑经验。窑内的器物如何码放、投柴量的大小、什么时候投什么样的柴、升温时间段的把握、窑内气氛的掌控等关键技术都由窑头一手掌控。古代大多用柴窑、煤窑、炭火窑等窑炉，其稳定性远远不及现代的数控电窑、梭式窑、轨道窑等现代化窑炉。因而，多变的烧成效果使窑头每次烧窑都如履薄冰，不敢有丝毫差错，在头脑中早早就形成充分且成熟的烧成方案。由此可见，烧成方案对烧制陶瓷作品具有重要的指导意义。而恰恰相反，今天有的设计师认为陶瓷烧成是工人做的事情，因此不屑参与烧成方案的制订，这是十分浅薄的认识。其实，设计师或设计团队为体现设计效果和设计意图，必须参与甚至主导烧成方案的制订；否则任由工人按照以往的模式烧制，无疑是不负责任的，然而这种情况在现实中非常普遍。

七、样品反馈问题及解决调整方案

在正式投入生产之前，生产制作部分样品是十分必要的。样品的数量根据实际情况而定，一般满足市场预展预售、客户体验、设计师研究、样品存档等需要即可。

样品投入试运作过程中会反馈许多信息，这些信息需要设计师亲自参与收集、整理，并做好相关记录，务必做到准确、及时、无遗漏，因为有时这些看似很小的信息量却能影响整个项目的运作。世界各国的设计师都非常注重对反馈信息的收集、整理，因为这些信息能够帮助设计师发现考虑不周或遗漏疏忽之处，从而及时做出修改。

八、设计文案、推广理由及推广方案

设计文案的撰写通常由设计总监或主笔设计师完成。设计文案对方案介绍、市场推广、推广理由等方面工作具有指导性意义，如对该项目进行全方位的介绍与解读。除表达设计意图之外，对产品的推广方案还需做一定的指导性描述，甚至还牵涉具体的推广步骤、广告用词、广告形式等，内容的多寡取决于项目的大小。

九、本设计与市场现有横向产品的搭配协调建议方案

任何产品推向市场之后都不可能独立存在，它往往与市场上的现有产品共同发挥作用，尤其是具有实用功能的陶瓷产品。例如，一把茶壶和一个木质茶盘一起使用，一个陶瓷花瓶可能和一个花盆一起陈列，一套餐具也许与一张红木餐台共同展示和使用，等等。何种风格的陶瓷作品适合何种形式的空间陈设需要设计师在设计之初就将相关因素考虑进去，并提出合理的陈设和搭配方案。

上述九个方面共同组成陶瓷艺术设计的主要组成部分，可视项目实际需要选择或参考编写组合，目的就是将设计工作完整化、周全化，使设计发挥其应有的作用，从而进一步改善人们的生活，丰富陶瓷文化的内涵。

第三节　陶瓷艺术设计与陶瓷工艺制作

一、陶瓷艺术基础部分的设计内容

陶瓷艺术设计的基础设计部分也是通常所讲的主设计部分，包括分析项目、项目定位、素材收集、头脑风暴、设计草图、设计图纸集、设计应用构思七个方面。下面就前面没提及的几点进行阐述。

（一）设计草图

构思草图时应抛开潜意识，抛开同类产品本身的固有形态特点，抛开陶瓷材料的局限性，针对创意产品的功能及形态进行多草图方案联想。设计草图的绘制不需要任何限制，只要能将意图表明且作者自己能明白其中的意图即可。在绘制设计草图的过程中，设计师往往会让笔下的线条跟随自己的思维行走，想到哪里画到哪里，有时也会加入简单的文字说明，还可以将设想的尺寸数据进行标注。总之，设计草图是思维的纸面再现，同时是思维的延续与发展。因而设计草图也是设计师的思维习惯。值得注意的是，现代科技的发展、电脑的普及使许多人产生错觉，认为设计师草图可以用电脑操作替代，而无须钢笔和纸张。这是个误区，人类使用手写（手刻）的历史长达数千年，而电脑出现才几十年时间，电脑绘制无论如何也跟不上节奏。

设计草图是一件作品成型的第一步，直接影响设计创意的走向及后期效果。那么怎样才能在草图设计阶段创造更大的空间？往往在刚开始进行设计时，我们会被主题本身现有或者固有的一些形态及特点束缚，如设计一个杯子时，我们脑海中先出现的是几种典型形态：圆柱形、对称性……这就是潜在意识。当然，这样常见的形态固然有它的优势及人性化的部分，但是设计者应当在设计之初摒弃这些潜意识，应任意发挥，这更加有助于创意或者设计的开发。

因此，设计师进行草图构思的阶段应抛开同类产品本身的固有形态、特点、典型性，同时抛开陶瓷材料的局限性，多做天马行空的想象，只有这样才能推陈出新，设计出更高水准的作品。

（二）头脑风暴

头脑风暴法包括分组讨论、问题联想、二次风暴等环节。

头脑风暴法一般以小组会议的方式，大家围绕同一个主题畅谈各自的意见，利用集体思考的办法，集思广益，激发灵感，在头脑中掀起风暴，产生大量的观点、问题和议题，是创造性的思考方法。

头脑风暴法的一般步骤：①围绕同一主题展开讨论，可以从不同方面展开联想，更有助于方案的最优化，从而通过大量信息统一意见；②围绕统一的方案展开二次讨论，优化概念性方案，如实施过程中可能遇到的问题、将采取什么方案解决等。

比如，陶瓷咖啡杯、杯垫组合设计头脑风暴法。①小组讨论：从造型上，咖啡杯可以与杯垫结合设计，如荷花与荷叶、鱼和水、糖与糖纸、星星和夜空……定论为花朵与花径，杯垫采用花瓣的形式，杯子为花骨朵，勺子与杯把采用花径围绕的感觉进行设计。②草图绘制成功后进行二次风暴讨论，杯子的花骨朵色彩与杯垫重叠，改用纯白色的花纹过渡的形式制作。

（三）设计图纸集

方案一经确定，在工作组的讨论会中有多数人赞成，就意味着可以制作第一册图纸集了。制作这本图纸集的目的是进一步完善设计细节，并不断提出问题及解决方案，更主要的是将设计意图完整地表达出来，以便下一步与甲方做第一次方案介绍及设计思路的确认。

这个过程中的工作量比较大，和甲方商谈数个回合之后，设计图纸集也被修改得面目全非。许多设计师在此时显得耐心不足，辛苦的劳作之后抱怨也就随之而来。此时是考验设计师综合素养及甲方耐心的时候了，许多失败的设计就是终止在这个环节。其实，在离成功一步之遥的时候，更需冷静思考。尝试站在对方的立场上思考，找出问题的核心，并加以修改完善，一般情况下都会成功。

二、陶瓷艺术设计的前导与后续

设计前导和设计后续部分的工作在当下显得尤其重要。设计是一项服务性质浓厚的工作。设计本身并不直接产生价值，而需要设计之后的生产或制作带来价值体现。而产品通过市场验证到最终形成产品又会给下一次设计工作提供经验，从而有更好的作品问世。因此，从一定意义上讲，市场—设计前导—设计—设计后续—生产推广共同构成一个严密而又开放的循环系统。这个系统的良性运转就构成了行业主体。多个行业主体相互交叉循环，就构成了一个区域的经济框架运行模式。而设计在整个经济框架运行模式中具有举足轻重的作用。品牌、策划、附加值、市场导向、设计导向、营销平台等许多因素会自然而然地加入其中，并发挥其独特的作用。陶瓷艺术设计在其中只是很小的一项活动内容，其前导及后续部分就是连接前后各部分的“链条扣”，其重要作用不言而喻。

（一）设计前导

设计前导是设计工作进行之前必不可少的准备工作，以往的设计往往忽视设计前导工作，甚至根本就没有设计前导工作。设计前导工作的缺失直接导致设计的盲目性和低效性。现代设计是一个完整的体系，并处在不断地完善之中，因此需要做好、做足设计前导工作。设计前导工作的主要内容包括以下几个方面：

1. 设计目标的确立

（1）找出该设计亟须解决的主要问题。

（2）列举甲方需求或目标客户需求。

（3）设计师自身的设计意图。

（4）综合上述几个方面因素确立该设计的目标任务。

2. 设计对象的市场调查报告

在设计目标确立之后，还需要进行市场调查，即在市场中寻找有无类似产品可以解决上述问题，如果有，则需考虑如何更好地解决问题，或者有更简单、更便捷、更吸引人的解决方案。同时，考虑该解决方案是否还有其他伴生功能或伴生效能，这些伴生效能还能解决哪些本不属于设计目标任务中的问题，分析哪些是良性效能，哪些是非良性效能以及如何规避非良性效能的副作用释放。这听起来似乎有点复杂，其实很简单，通俗来讲，就是如何考虑得更为周到。这就是设计的目标所在。

一个设计或一个解决方案不可能解决所有问题，甚至还会带来一些意想不到的新问题。这就要求设计师应尽可能地考虑周全，尽量释放良性效能，避免非良性效能，并预备解决非良性效能的预案。这是一个成熟设计师必须具备的素养和思维方式。

3. 设计对象的文化意图或文化解读

艺术设计始终无法剥离其文化因素，尤其是陶瓷艺术设计。在中国，面对深厚的陶瓷文化积淀，设计师不可能无动于衷，这是值得设计师重视的方面。这就带来一个业界常常争论的问题——传统与创新之间如何取舍？这使许多设计师无所适从。两者并不矛盾，恰恰是一个有机整体，没有创新的传统其实质就是模仿与抄袭；同样，脱离文化传统的创新是断线的风筝，传统需要创新带来新的生命力，创新需要传统提供肥沃的土壤而成长。文化传统具有不可替代的普遍意义。对于中国的广大瓷器使用者来说，瓷器装饰能够让他们从中获得良好的文学熏陶。站在非常宽泛的角度进行分析，相同的图像也会引起普遍的共鸣。西方人并不能理解中国画中所蕴藏的诗意，但是也能欣赏中国陶瓷图案的效果，欣赏花朵的美感。大部分从中国销往国外的瓷器装饰已经超越了政治与历史特点，这也是中国瓷器可以风靡全球的一个重要原因。我们可以看到传统文化的国际适用性，也能看到文化创新是根植于原有土壤之中的。在进行设计工作时，设计师需要很好地处理两者之间的关系，这也是一位优秀设计师必须具备的能力。因此，以下几个方面内容值得学习陶瓷艺术设计的同学多加关注：

（1）深入学习陶瓷传统文化及工艺，正确理解古代陶瓷在文化传承中发挥的重要作用。思考陶瓷产生时的必然因素和偶然因素，理解陶瓷附带的特有文化基因，从而对比古今陶瓷发展过程中的成功案例和失败教训。总结陶瓷发展的内在规律，这是一个较为繁重的学习任务，但作为一位陶瓷艺术设计师，这是一门必修课。最重要的是，每个人在深入学习和思考这个问题之后，所获得的认知与感悟均有所不同，思维方式和思考问题的角度也就不同，于是每位设计师在面对同一项设计任务时会有不同的表达形式和不同的工艺选择。这正是设计前导工作需要的，也是设计师必备的。

（2）树木不可无根而长，文化也是如此。设计师不可能脱离传统文化的根基或文化母体去另外创造一个文化体系，任何个人都做不到，也没有这个必要，因为设计师所服务的市场正处在这个文化体系中，从一定意义上讲，设计师所要做的就是对这个文化体系进行解读与改造，使文化与市场相互融合，良性发展。年轻的设计人员往往容易产生“走过头”和“裹足不前”

的毛病。当然，在不同文化母体或文化体系之间自由游走的情况在一些成功案例当中也时常出现，这是设计走入更高境界之后才能达到的。初学者不可走得太快，夯实基础，自然有机会游走于世界各个文化体系之间。当设计从个人走向群体，从区域走向无区域界线时，还能带来令人惊讶的效果，即引领市场导向，创建新的文化元素。这需要极大的影响力和极深厚的积累，同时需要其他众多因素共同产生的合力才能达到。总之，在传统与创新之间拿捏好一个度，找到合适的定位点对于设计前导工作来说是非常重要的，也是毋庸置疑的。

（3）掌握好有关陶瓷生产过程中的众多工艺技法，熟悉各种陶瓷生产设施设备，了解陶瓷原料的加工工艺和原料特性也是陶瓷艺术设计师需要学习和掌握的内容。这些基础知识是陶瓷文化的语言，只有了解与掌握这门独特的语言，才能有效地、准确地、恰当地表达设计意图，才能诠释出陶瓷文化在当下时空中的真正含义。在设计前导工作中，尽管设计方案并未诞生，但需要考虑材料和工艺的选择，否则设计过程中将会缺少形式和语言的表达方式，设计思维也会因此中断。

4. 设计过程的执行计划

任何一套完整的设计方案都不可能缺少一套关于该设计项目的“执行性计划”。艺术创作可以是个人行为，而一个设计项目通常需要由团队合作完成。

通常一个设计团队包括项目总监、主笔设计师、执行设计师、绘图员、图纸管理员等。项目总监负责并参与合作洽谈、合同签订、项目立项、项目交底、方案介绍、项目管理、设计计划、工作分配等事务。主笔设计师负责并参与设计方案、市场调查、素材收集、项目分析、头脑风暴、草图绘制、设计概念、方案汇报等众多工作内容。可以说，主笔设计师是项目中最繁忙的岗位。在一些较大型的设计项目中，主笔设计师往往会同时由多人共同负责，分工合作。执行设计师参与方案设计、设计细化、图纸校对、模型推敲、样品监管等事务。绘图员参与效果图绘制、电脑制图、工艺图绘制、设计说明编纂等事务。图纸管理员负责图纸存档、图纸编册、图纸输出、图纸派送等事务。

需要说明的是，在具体操作过程中有些项目视情况做出相应变动的情况非常多见，这就像一支训练有素的球队在比赛中灵活地穿插联防补位，显得忙碌而有序，这是一个成熟的设计团队必备的素质。

项目执行计划一般由项目总监或主笔设计师拟订，经部门研究之后初步确定并要求执行。因而项目执行计划在设计进行过程中显得尤为重要，它保障了设计工作的有序进行。

项目计划包括以下几个方面内容：项目定位、工作分工机制、联络沟通机制、方案讨论机制、时间分段计划、任务完成标准、图纸数量预判、设计程度预判等。由于这些内容比较直观，限于篇幅，不再赘述。总之，设计工作是一项严密而又辛苦的工作，同时是一项需要团队密切合作的工作，一个环节出错就必然会导致接下来的环节跟着出错。因此，耐心细致的工作习惯显得尤为重要。

（二）设计后续工作

设计后续工作往往被人们忽视，一般设计工作到图纸出来之后就终止了。其实，这样的设计工作并不完整，并且会给整个项目带来难以想象的负面影响，甚至导致项目的失真和项目的失败。设计后续工作包括材料处理方案。

将材料处理方案引入陶瓷艺术设计的后续工作之中是现代设计模式中的重要一环。由于现代设计的快速发展，许多原本不属于陶瓷艺术设计的内容也逐渐被引入，材料处理方案就是其中之一，同时包括下面要介绍的“工艺选择方案”“烧成方案”“推广方案”“协调方案”等内容。而这些工作在20世纪前分别属于其他部门管辖，设计师一般不介入。而现代陶瓷设计的过程中，将更多地引入模块化设计元素。

模块化设计的理念是近些年才提倡的。其优势在于设计师在设计过程中有许多模块可供选择，而选择模块的依据就是根据设计需求和设计目的而定。有了模块化的概念之后，设计师团队就可以独立完成设计工作，使设计工作变得更加便捷及可靠，有效避免了设计师由于不关注工艺制作环节而带来的设计脱节问题，同时能有效清理因设计师在某些专业方面知识欠缺而带来的专业障碍。设计师只需了解模块的大致原理及效果就可以进行选择及应用，从而达到高效设计和有效设计的目的。而且，传统工艺中硅酸盐专家、工艺师、制作师、烧成专家、广告师、销售专家等人员的工作也会变得更纯粹和更专业，他们不再参与具体的产品设计工作，而是将工作重心转移到模块的设计和模块库的建立和升级工作中，进而建立一个可供产品设计师自由选择的丰富而又稳定的模块库。这个模块库中有各种独立模块和复合模块，还有正处在研究过程中的实验模块。对于一个拥有自己完整模块库的企业来说，这个模块库无疑是该企业的核心商业机密。

（三）设计说明的内容及编写

设计说明的编写是设计方案中不可或缺的重要工作内容。多数设计团队都有专门组织撰写设计文案的文案设计师。在设计说明中，文字须尽量简单明了，切勿烦琐拖沓，在用词上尽量使用正式书面用词或专业用词，不可使用口头习惯用语。方案设计说明一般分为以下几个部分：

1. 设计背景

描述设计对象（产品及使用地域）的社会、人文、风俗、习惯、特色等背景的调研资料，同时描述设计方案的切入点及思路。

2. 设计来源

详解设计灵感来源、设计演化过程以及设计师的设计目的及原因。

3. 所需解决的问题及解决方案

列举设计方案所能解决的问题和必须达到的设计意图，同时介绍产品的使用功用特点与所需解决的问题之间的逻辑关系以及这种逻辑关系的合理性和有效性。

4. 设计核心内容

综合叙述设计方案的核心意图，如果是“新型主张”的设计方案，还需详述设计师主张的设计意图给人们的生活或工作带来的视觉感受、文化感受及价值主张等内容，将设计方案和设计主张的相关信息在短时间内尽可能地传达给阅读者。

5. 后期可能出现的问题预判及调整方向

一个成熟的设计师必须考虑到产品投入市场后的反馈。任何设计都不可能是绝对完美的，设计师应该学会从赞扬声中听到批评的声音，这些声音往往就是下一步工作的努力方向。

（四）设计方案介绍

1. 设计团队在讨论方案时，类似这样的内部方案介绍可能反复多次，直至方案成熟并最终敲定。这个过程中的设计图纸制作工作无须过于详细，只要介绍者讲解必要的方案草图和部分效果图纸，描述清楚设计方向及构思即可。相对于在甲方定案会上的方案介绍来讲，内部介绍实际上是微缩版的方案介绍会。

在一个优秀的设计团队中，往往设计总监这一关比甲方关更难闯过。一个优秀的设计团队的总监往往也是一名优秀的专业设计师，具有极为丰富的设计经验，同时团队中的所有项目在总监的脑海中均有相对成型的方向和构思。作为一名普通设计师，对团队核心人员的了解有时显得非常重要，一方面对各方拥有透彻的了解可以较为顺利地通过手上的项目；另一方面这也是一个优秀设计师学习的好机会。况且，优秀的设计团队之所以优秀，是因为其对团队核心人员的要求比甲方要求更为苛刻。

2. 设计定案后向甲方正式提交设计方案时的方案介绍会是整个项目中最关键的步骤，必须做好充分的准备工作，一般包括以下内容：

①较完整的设计图纸集，并排版印刷成多份（视参会人数而定）。

②简明扼要的设计说明。一般不超过 1000 字，有时甚至 100 字或者更少，以便让甲方在很短的时间内了解设计意图和设计关键所在，以及针对主要问题所做的应对方案。可以肯定的是，没有哪个甲方会喜欢阅读一些“长篇大论”般的设计说明。

③产品设计效果图，一般设计图纸集中已有设计效果图，但有些项目还需打印较大篇幅的效果图，并人手一份。如果能制作出相应的实物样品就更完美了。有需要时还可利用 3D 打印技术打印效果图，目的就是让甲方更直观地感受设计方案的最终效果。

④设计排版考究的 PPT 演示文稿也是不可或缺的。主讲设计师必须熟悉该 PPT 的每一个页面，并在讲解时做到连贯流畅地表述。

⑤相关协议或合同文件准备。有时在这样的方案会上敲定一些关于合作协议或合作条款也是常见的事，因而需视情况做相应的准备工作。

（五）陶瓷品牌意识

有关陶瓷品牌或产品品牌打造的话题已经提出多年，现实情况却不容乐观，这说明打造品牌具有一定的难度。

中国陶瓷在广大人民群众的心中仍旧定位在中端和低端的档次上，这样的定位与现实情况是不符的。过去为了有效占领国际市场，我国的陶瓷企业始终在为提升质量及信誉水平不懈努力。如今，我国一跃成为世界最大的陶瓷生产基地和世界第一大出口国，无论是陶瓷生产的质量还是数量方面都发生了极大的变化，但是，品牌效应仍然处于国际陶瓷市场的中下层。相比于欧洲国家生产的陶瓷，中国陶瓷附加值较低，生产商利润少，海外的买家也获利甚少。虽然我国陶瓷商品物美价廉，但是利润空间没有因此而增加。

我国的陶瓷企业每年均会参团到国外参展，但是没有专门的中国陶瓷展区，每次的展位都是零散分布在展馆的各个角落，展位的布置也非常简陋。这样的情况不仅不能够让世界各国看到我国陶瓷的实力，还会给人一种弱势的感觉，影响我国陶瓷企业走向世界，不利于在国际化竞争中占据优势。

“中国陶瓷”是否能成功打造品牌形象，将会影响中国陶瓷发展的命运。《中国制造》的广告宣传片重新打造与巩固了“中国制造”在全球市场上的声誉，且国际反响良好。

三、陶瓷艺术制作工艺

如果把设计师比作厨师，那么厨师为了烹饪某一菜肴，需要事先精心谋划，然后根据所需烹饪的菜肴去超市选择所需食材和佐料，这个过程就像设计师的设计过程一样。对于设计师而言，工艺技术库就是设计师的“超市”，设计师根据设计图纸要求来到这里选择所需工艺技术种类，以表达设计构思，然后在原材料库中选择适用的原料及其处理方法，最后去烧成技术库中选择适合的烧成方法，从而形成一整套针对性极强的工艺系统。这是属于为该设计方案“量身定制”的工艺流程。陶瓷艺术设计绝不是局限在图纸本身的一门课程，它需要开拓、创新，是一个推陈出新的过程。

陶瓷艺术制作的工艺种类很多，由于历史上各地区的发展千差万别，各地域的原材料也大不相同，因此在陶瓷制作过程中产生了许多不同的工艺和技术技法。

世界各地优秀的陶瓷产品除外观设计之外，其他设计细节均建立在自身相对独特的工艺技术基础之上。从原材料处理、配比、加工、成型、生产到装饰等都有一套属于自己的原料设计和工艺设计。综合各地区和各窑口的制作工艺，我们介绍以下几种常用工艺。

（一）紫砂陶工艺

紫砂陶主要在中国江苏宜兴生产，宜兴紫砂陶器是中国陶瓷文化中的一颗璀璨明珠。尤其是紫砂壶的制作更是达到了非常高的艺术水平，具有极高的艺术成就。宜兴紫砂壶之所以在行业内有如此盛誉，是因为今天的紫砂壶制作工艺达到了前所未有的高度，可以说是紫砂工艺历史进程中的巅峰时期。而陶或瓷在历史上均多次出现发展高峰期，甚至某些工艺技术水平在今天仍无法企及。紫砂壶工艺则不然，历史上从未出现像今天这样的发展高度。

紫砂壶用当地土气较少的粗砂制成，茶壶以砂者为上，盖既不夺香又无熟汤气，故用以泡茶不失原味，色、香、味皆蕴。紫砂茶壶注茶越宿，暑月不馊。这是因为砂质壶壁透气性好，具较高的气孔率。砂质茶壶能吸收茶汁，久用内壁会增积“茶锈”，空壶以沸水注入也有茶香。壶经久用，涤拭日加，自发黯然之光。紫砂茶壶冷热急变性好，寒冬沸水骤注而不会胀裂，且由于砂质传热缓慢，握壶不易烫手。

制作紫砂壶常用的工具有：以样板确定壶身、壶盖、壶嘴、壶把、壶钮尺度，并用竹拍子、勒只、尖刀、鳑鲏刀等工具。

（二）黑陶工艺

黑陶的制作最早出现在龙山文化中晚期。黑陶是在烧造过程中，采用渗碳工艺制成的黑色陶器。最早发现于龙山文化遗址，是龙山文化最重要的一个特征。龙山文化分河南龙山文化、陕西龙山文化和山东龙山文化三类，统称为“龙山时代”，龙山时代的陶器有灰陶、红陶、黑陶等品种，其中最著名的是黑陶。而现代的黑陶主要产于福建、云南、山东等地。与龙山文化的黑陶相比，现代黑陶在基本工艺技术上并无大的变化，甚至连烧成方法都大致相同，只是在选材和制作上更精细而已。利用渗碳工艺处理时，现代人使用多种燃烧材料以便将陶器熏渗得更加黑亮、更具美感，除燃烧松烟外，还会使用诸如沥青、橡胶、轮胎等不环保燃烧材料，在此不予提倡。

黑陶原料是经过黄河冲刷留下来的纯净而细腻的红胶土，拥有极强的可塑性，从古代一直沿用至今。红胶土主要分布在黄河中下游。优质的制陶材料，必须经过一系列的处理工序，才能达到使用要求。采集了红胶土之后，需选择专门的地点进行存放，对存放条件也有很高要求。存放地点必须阳光充足、地势较高，在晾晒的过程中必须经常翻晒，只有经过 5 年以上风冻的陈泥才能达到更为突出的制作效果，因为红胶土经过风冻之后不容易开裂，在实际应用中也更加便捷。

古代时期的黑陶纹饰非常简洁，以磨光透亮的黑色光泽为主。绝大部分黑陶采用轮制方法制作完成，拥有规整的造型，而且质地坚硬，质感细腻且富有润泽。黑陶制作主要工艺要点除上述原材料需经过严格细致的处理工艺外，黑陶的原料还应具有细腻、容易成型及后期研光时不易开裂等优点。另外，封窑渗碳时，由于黑陶原料的特性以及处于高温密闭的环境下，黑陶并非仅陶器表面被渗黑，胎土内部也被渗黑。当然，如果坯体过厚，则内部渗黑程度可能有所欠缺。

（三）釉上彩工艺

釉上彩是一种高温烧胎釉、低温烧彩花的综合性陶瓷装饰工艺。最早出现在宋代，由唐代的低温彩釉发展而来，在高温烧制好的白瓷上加绘低温彩釉，二次入窑烧成，到“清三代”（康熙、雍正、乾隆）时期，发展到了高峰期。

真正成熟的以绘制纹饰而著称的釉上彩器始见于唐代长沙窑，其后宋代磁州窑又将这一工艺技术改进，创作出独特的磁州窑彩绘瓷。金元时期，磁州窑的红绿彩开了明代五彩瓷的先河。到了明中晚期的成化、嘉靖、万历年间，五彩瓷的制作达到了极高水准。清代康熙、雍正、乾隆三朝的五彩及粉彩器，无论从制作工艺的精巧细致上论，还是从作品的绘画技艺上说，都具有相当高的水准。这时期的珐琅彩器尤为名重一时，屡创天价，可谓稀世珍宝。

（四）五彩

我国古代瓷器经历了非常漫长的发展过程，从最初的原始瓷器发展到成熟的青瓷，又从青瓷发展到白瓷再到彩瓷，总共花费了两千多年的时间。青瓷向白瓷的转化，完成于唐宋时期。而从白瓷到彩瓷的变化，则在明清时期完成。明清时期，彩瓷快速发展，我国古代陶瓷制造业步入了一个鼎盛的发展阶段。

五彩瓷最明显的特征体现在以下几个方面：胎釉与青花以及斗彩有着很高的相似度；色彩以红为主，同时还有黄、蓝、绿、紫、黑等不同颜色；画法是先在白釉瓷面上进行外部轮廓的绘制，之后用不同颜色的颜料进行填充，烧制完成之后，颜色看上去非常光亮饱满，呈玻璃状；开片裂纹向下紧合。

彩绘瓷器拥有悠久的发展历史，而五彩瓷正是在彩绘瓷的基础上发展形成的。北宋时，北方磁州窑烧制的白底黑彩、白釉红彩等不同品种实际上就是明清时期五彩瓷器的前身。元朝时期，景德镇成为我国瓷器生产的中心，枢府窑生产的瓷器为五彩瓷的最终诞生创造了良好条件。纵观瓷器的整个发展历史，当元朝进入中衰时期，虽然旧瓷已经衰落，但是新瓷仍在酝酿当中发展，所以我们不能轻视元朝瓷器发展当中存在的创新要素。

（五）粉彩

粉彩是用珐琅铅釉和五彩铅釉混合烧制而成的一种瓷器，以玻璃白作底色，其上运用了多种不同的釉彩。因为色釉当中加入了铅粉，所以在烧制成成品之后，显现出来的色彩非常柔和，而且整体变化十分微妙。清朝雍正时期，粉彩的制作异常精美，到了乾隆时又在原本的器型上进行了大力发展，使粉彩成为清朝彩瓷的主流。

（六）新彩

新彩是在清朝末期产生的，是从国外引入的一种陶瓷装饰手段。因为在当时运用的是进口材料，最终制作出来的画面具有非常浓郁的西洋风格，所以又将新彩叫洋彩。首先利用五彩颜料在白瓷的表面绘制各种各样的图案，将其放入彩炉当中进行烘烤，最终制作成新彩瓷。之后又对过去的制作方法进行创新改进，使相关的制作方法更加丰富，然后又和现代工艺技术手段相结合，逐步演变成应用广泛的装饰方法。目前景德镇非常流行的新彩当中除了带有浓郁中国风的扁笔新彩之外，还有刷花、喷彩、平印、丝印贴花等不同的形式。在经过长时间的调整和变革之后，形成的装饰格调已经变成景德镇陶艺的地方特色，最显著的特点是拥有丰富多样的色彩与装饰、生动形象的花纹、秀丽的造型以及新颖格调。

（七）珐琅彩

珐琅彩是在清朝康熙时期烧制完成的瓷器，专门供给宫廷使用，是非常著名的御用瓷器。珐琅彩的制作过程是在含硼材料烧制形成的白瓷上进行绘画，之后进行低温的二次烧制，最终形成珐琅彩。康熙时期的珐琅彩材料需从国外进口，雍正时期生产出了国产的珐琅料，也让珐琅彩的制作和烧造水平达到了顶峰。

（八）斗彩

斗彩是在明朝成化时期创烧完成的，先是利用青花画出图案轮廓，之后放在1270℃～1320℃的高温当中烧制，烧制完成之后釉上添色，再放入窑炉中进行低温二次烧制。斗彩的釉下青花和釉上色彩交相辉映，在工艺技术水平上到达了历史高峰。清朝时期出现了很多仿制明朝斗彩瓷器的情况，所制作出来的成品几乎能以假乱真。

（九）颜色釉工艺

色釉瓷，也称颜色釉瓷，其种类极其繁多，目前已无法准确地统计出颜色釉到底有多少种釉色。一般来讲，颜色釉主要分为青釉、酱釉、黑釉、白釉、黄釉、绿釉、青白釉等。每种颜色还可以再细分，如青釉可以分成豆青、粉青、天青、梅子青等20多种。颜色釉的划分并不是根据肉眼对釉面颜色的判断来确定的，比如宋代福建窑的一些青白釉，直观看上去是白色的，但由于其所含各种微量元素的比例固定，决定了它们仍属于青白袖。窑变釉和结晶釉应纳入色釉瓷范围。

好的色釉器以单纯、清丽、隽永而著称，如宋代汝窑天青釉、官窑粉青釉、龙泉窑梅子青等。中国陶瓷艺人在宋代所达到的制瓷造诣至今无人能及，而宋器以各种颜色釉瓷为主。其中除了工艺技术的因素之外，更重要的还是色釉器符合中国传统文化习俗，符合中国人含蓄、内敛、儒雅的美学观、道德观。

清代康熙、雍正、乾隆三朝曾大力仿制各式单色宋器，并达到了相当高的水准。一些新创烧的色釉器也具有极高的艺术水平。清代唐英《陶成纪事碑》记载御厂窑烧制的颜色釉就有35种之多。康熙时期的郎窖红，红如牛血，釉厚而润；可豆红，又称“美人醉”，特点在于红釉面上散落着星星点点的绿苔。雍正时期的仿官釉、天青釉、天蓝釉，釉色明净清丽，优雅而华贵。乾隆时期的窑器过多的装饰反而使制瓷艺术走入一种误区，过分的夸张及渲染反映了当时皇室及国人的浮华心态。文化上的没落与倒退，正是清朝帝国由盛转衰的开始。

颜色釉种类繁多，且各种颜色釉的配方和烧成工艺具有较大差别，因而没有统一的标准工艺做法。在世界范围内，对于原料及釉药研究处于前列的当数德国的一些大型企业，其中以德国麦森瓷器公司为代表。其优势在于所生产的釉料的稳定性比较高、可靠性强，这对于批量生产颜色釉来说无疑是必备的条件。

（十）青花瓷工艺

青花瓷又称白地青花瓷器，它以含氧化钴的矿料为原料，在陶瓷坯体上描绘纹饰，再罩上一层透明釉，经高温还原焰一次烧成。钴料烧成后呈蓝色，具有着色力强、发色鲜艳、烧成率高、成色稳定的特点。目前发现最早的青花瓷标本是唐代的；成熟的青花瓷器出现在元代；明代青花成为瓷器的主流。

青花瓷所用的钴料主要有两种。一种是产自彼塘本地的“平等青”，其名字来源于江西一处地名，该地原名“彼塘”，盛产富含氧化钴的矿石，可作为青花瓷的主要原料。由于汉语中的谐音关系，时间久了，彼塘青就逐渐演变成现在常用的“平等青”。平等青发色较为含蓄沉稳，有时甚至有点灰暗。另一种是“苏麻离青”，由波斯出产，钴晶石为其主要原料，其名称也是翻译而来。其色彩艳丽，饱和，独具风格。今天，青花瓷无疑已经成为中国文化的符号之一，那种浓浓的中国味，历经千年，依然飘香于世界各地。

（十一）绞胎与绞釉工艺

绞胎陶瓷亦称“绞泥”“搅胎瓷”“透花瓷”。绞胎成为一个独立的工艺品种是从唐代开始的，是当时陶瓷业中的一个新工艺，而在靖康之变后失传。绞胎瓷的技法特点主要是纹饰装饰，纹饰以自然纹饰和各类编织纹饰为主，配合色彩的运用和纹饰的装饰艺术设计，成为绞胎瓷纹饰的表达语言。其一，编织出的自然纹，浑然天成。其二，纹饰具有多祥性。绞胎瓷创作的魂就在于纹饰的多样性，这也是绞胎技法的核心。其三，色彩分色。墨分五色是书画家的基本技法，绞胎瓷的色彩同样要追求墨分五色的艺术效果。此后，在艺术家手中，绞胎逐渐发展出彩泥拼花工艺。艺术家借用模具，把各色彩泥切割成方形或其他形状，然后按照设计逐块拼接，最后修整成装饰效果独特的陶艺作品。

绞胎的制作过程是将两种或两种以上颜色的泥土不均匀地混绞在一起，制成坯体之后，用刀具将坯体表面刮削平整，露出颜色不均匀而又具有奇妙变化的胎底，再施以透明釉进行烧制。绞胎自古就有，早在原始彩陶中就发现了偶然混合不均匀的多种泥土的痕迹，在中国唐代时，绞胎瓷发展较为成熟，已经可以自由控制颜色的规律分布，也可以将不同颜色泥土按照预想的图案进行排列。其装饰效果独特，长期以来一直为人们所喜爱。

绞釉是一种特殊施釉技法，其做法是将两种颜色不同的釉倒入一个容器内，轻轻搅拌数下，当釉处于不均匀且轻微混合状态时，将坯体浸入釉中，数秒钟之后取出，此时挂在坯体表面的釉浆的不均匀混合颜色会产生云彩般的自然效果。烧制之后，釉药相互融合，形成独特的色彩和肌理变化。与绞胎不同的是，绞釉比较难控制，常会出现效果不理想的情况。因而，唐代时人们在绞釉的启发下，开始了各色釉料的点涂和泼洒工艺，唐三彩应运而生。

（十二）青瓷与刻画花工艺

青瓷是所有瓷器的最初形态，也就是说，中国古人烧制的第一批瓷器就属于青瓷。青瓷在不断发展的过程中逐渐分离出白瓷、青白瓷、黑瓷、钧瓷、吉州瓷、定瓷、汝瓷等众多瓷器品种。由于早期青瓷釉比较透明，容易透出泥坯的痕迹，并且痕迹的起伏深浅，在青瓷釉的覆盖下会发生微妙变化，因而几乎在青瓷产生的同时，刻画花工艺也出现在早期的青瓷装饰上。

四、陶瓷艺术设计与陶瓷工艺制作

陶瓷艺术设计的结果以图纸集的方式呈现，而此时设计师的工作并没有结束。

由于陶瓷工艺制作通常由另外一个部门（或厂家）承担，这个部门在此之前对该项目几乎一无所知，最多也是初步了解，因而设计师或设计部门必须向制作方进行设计交底，以达到设计意图最大化呈现的目的。过去30多年里，中国陶瓷厂家大多承担生产加工制作任务，而设计图纸大多由外商直接或间接提供。外商在提供图纸的同时，大多会派甲方代表常驻中方制作企业，或指定相关人员全程跟踪生产过程。其主要目的就是使设计意图能最大化呈现，同时也从源头上完成对该设计品牌的维护与保养。从这个意义上讲，设计方与制作方的有机衔接并非“扶上马走一程”这么简单，而要从品牌战略的高度做通盘考虑，其重要性不言而喻。从生产制作方的角度来看，他们一般也非常欢迎甲方派这样的人员进驻。因为制作方也十分愿意圆满完成甲方的委托合同，同时也需要学习从设计到生产全程的一些先进理念和管理模式，并且这种学习通常是免费的。下面我们梳理一下有关本话题的几点主要内容。

（一）陶瓷艺术设计与陶瓷工艺制作的有机衔接的意义

1. 对于设计方或甲方的意义

①最大限度向生产制作方讲解设计意图。

②最大限度跟踪生产过程中的产品质量，以建立对产品的信心，有利于产品推广工作。

③深入了解厂家的生产工艺及流程，并将其作为下次设计的基本工艺依据。

④维护相关专利或知识产权的严肃性。

⑤及时发现设计中存在的问题并及时修改设计图纸。

2. 对于制作方或厂家的意义

①学习管理上的优秀经验。

②洞察市场风向，及时调整产业配置，培养人才。

③提高厂家研发团队的研发水平及市场敏锐度。

④提高生产工艺水平及技术水平，提高生产能力。

（二）雕塑性陶艺的设计与制作

现代陶艺主要包括三类：设计类、生活类、雕塑类。许多省级和国家级展览也大致按此划分类别。

雕塑性陶艺是具有雕塑特征和陶艺特征的艺术门类。甚至还有人把陶艺类装饰作品也归为雕塑性陶艺。雕塑性陶艺在整个陶艺界占有很大比例，尤其是近年来许多雕塑家、观念艺术家、装置艺术家等纷纷参与陶艺创作后，其组成规模可谓空前壮大。

雕塑性陶艺的概念和归类是相对的，并非绝对，有时具体到某一位艺术家或某一件作品时就更难以界定了，而且这种情况经常发生。其中有许多无谓的争议，其实大可不必。这其实也为我们的创作提供了一个从不同角度看待问题的思维方式。例如，一件可以使用的青瓷碗形器皿，一般人都认为这是一件生活用具，应该属于生活陶艺。如果将其定型生产，那就可以归为陶瓷设计。但是，给予这个“碗”另一个放置方式，就可能是一件雕塑性陶艺作品，抑或还有其他方面的解读。由此，也就引出了下一个话题——关于雕塑性陶艺的设计与构思。

1. 雕塑性陶艺的设计与构思

雕塑性陶艺的设计与构思主要有以下几种方式：

从形式出发，再到形式结束。创作者从一开始就将形式作为重点，其目的也是探索形式上的深度与可能性，同时也是触摸艺术家对形式理解与掌握的制高点。

在整个创作过程中，创作者基本不考虑形式以外的影响因素。为形式而形式的做法曾一度饱受质疑，持此态度的人认为其只有一个空壳，没有实质内容。然而情况并非如此，作为一个探索过程和手段，“形式”本身并没有错误，有时还能为艺术家的创作带来新的形式语言符号，何乐而不为？目前有许多陶艺家的作品以“形式”取胜，由作品形式带来的效果令人耳目一新。

由观念出发，再到观念结束。当代艺术的巨大发展空间给陶艺的发展带来了巨大的推动力，其活力也是前所未有的。正因为“观念艺术”的加入，陶瓷艺术从此摆脱了工艺技术的羁绊和局限，给了从观念出发的作品或作者非常大的自由度。创作者一开始基本不考虑技术与工艺难度，创作观念经充分表达之后，才会考虑具体的工艺技术的选择。尽管这种创作形式饱受批评，但这样做的陶艺家不在少数，甚至一些工艺技术水平很高的陶艺家也开始尝试这种创作方法。

从工艺技术带来的审美效果出发，直至形式、观念、效果整体完美结合，这是绝大部分陶艺家喜欢的做法。在追求某些特殊效果的同时也考虑其他几个方面因素，最终达到各方面完美结合的目的，这部分陶艺家被称为专家型陶艺家，往往拥有丰富的实践经验，对各地窑口的独特工艺具有极大兴趣，同时也拥有较全面的陶艺知识，是许多人追求的理想目标。业内一些被广泛尊重的知名陶艺家大多拥有数年甚至数十年的艰苦积累，对陶艺的艺术语言有自己独到的理解。

（1）素材的收集

要完成一件满意的作品，实现创作的目的，首先必须有一个完善的素材收集过程。因此，在设计的过程中，需要在思考问题上花费一定的时间，用其间迸发出来的灵感指挥大脑，同时查阅相关的信息资料，进而产生共鸣，激发设计灵感。灵感有可能来自不同的方面，比如大自然中的树木山水，比如人工建筑，或我们生活当中的食物等。灵感的获得与想象力的支持密切相关，所以在利用一定素材的同时，要充分发挥想象力，让作品的创作质量得到提升。

雕塑性陶艺设计并非只是不断完善材料的过程，更像是了解自己、社会和诸多关系的纽带。有时候可能灵光闪现，但往往又转瞬即逝，因此要快速记录这些灵感。以灵感作为出发点，从不同角度对所选课题展开可行性的分析，从不同角度依照一定的规律利用多种媒介展开深入研究，只有经历了深入研究才能最终促成作品的完成。一系列的实践探索让作品更能彰显主旨，也会不断激发创作灵感的产生。图像收集是素材收集的一种，也是异常重要的选择。在图像的选择上，应该学会分辨所需要的图像信息，选择最有意义的图像，并将这些图像整理组合后呈现出所需要的艺术特征。

另外一种最直接有效的收集素材方法便是速写。它可以记录或概括一个想法的诞生过程。艺术家大都具有敏感视觉，他们习惯把理念看作图像或三维立体画面在头脑中的具体反映，具备这样的能力对一个初学者而言是至关重要的，即把随时会忘记的灵感记录下来。这对于在偶然中获得的创作启发十分有用，有助于在日后帮你清晰地回忆起所思考的细节。

（2）雕塑性陶艺设计草图

创意是进行作品创作的根本，也是其存在的意义，了解了创意你便理解了某种艺术行为背后的动机和所传达的理念。我们所知道并喜欢的东西都受到某些理念的影响。一件作品体现着某种理念，该理念是作品背后的指导原则。当有充足的创作素材时，通过细致认真的对比和思考，便会从中发现创意，激发灵感。

在观念、灵感以及创作动力的驱使下进行草图绘制，其实是一个充满动感、充满激情的创作过程，由此绘制的草图也必然充满激情。大多数陶艺家在绘制雕塑性陶艺创作草图时都只是简单快速地描绘一些线条和部分明暗关系，即将大脑中的构思做最简单的描绘；而将更多的精力和时间花费在制作过程，因为制作过程才是陶艺家真正的创作过程。因此，雕塑性陶艺的构思草图从一定意义上讲并不属于设计草图，有些陶艺家所绘的草图别人根本看不懂，而陶艺家本人却很清楚其中所表达的内容。

2. 雕塑性陶艺的制作

（1）坯土的选取与特性

雕塑性陶艺的基本制作原料是陶土与瓷土。制作雕塑性陶艺时把握好泥性很重要，从土到泥，水起着决定性作用，水与土混合的比例直接影响着泥的性能。水多了，泥巴不能成型；水少了，泥质无法造型，所以泥土与水分的配比是决定泥质好坏的关键，不可忽视。因此，只有了解陶瓷材料最基本的特性，才能根据需要配置适合的泥土。陶瓷泥土的可塑性和黏结性是影响成型的首要因素。在雕塑性陶艺的设计构思中，最基本的要求就是挑选最合适的泥料，然后通过相关步骤完成整件作品。

①瓷泥雕塑性陶艺。土是经过河流或雨水冲刷再沉积形成的泥土，因此原生土比较纯正，颜色较白，烧成温度高；次生土杂质含量高，颜色略黄，但是其微粒子油滑，可塑性较高，烧成温度低一些。其中最主要也是使用最广泛的瓷泥，是来源于景德镇附近的高岭山的高岭土，其特点为洁白细腻，经过 1250℃～ 1400℃的高温后质地坚硬致密，吸水性很小。传统雕塑性陶艺中景德镇和德化的瓷泥较有代表性。

②陶泥雕塑性陶艺。一般来说陶土因含有铁质而呈黄褐色、灰白色、红紫色等色调，是具有良好可塑性的黏土。矿物成分以蒙脱石、高岭土为主，陶泥根据泥料和烧成制品的不同分为粗陶和细陶两种。陶泥较为粗糙，烧成的作品有小孔，有吸水性。陶泥烧成后坯体的颜色取决于黏土中着色氧化物的含量和烧成气氛，在氧化焰中烧成多呈黄色或红色，在还原焰中烧成多呈青色或黑色。陶泥的雕塑性陶艺创作以佛山石湾窑陶泥成型工艺为代表。

③紫砂泥雕塑性陶艺。紫砂泥的可塑性非常好，常用来制作雕塑性陶艺。宜兴紫砂泥是绿泥、红泥和紫泥的总称。紫砂泥属于粒土—石英云母系，颇具制瓷原料的特点，因此单种原料即具有理想的可塑性，泥坯强度高，干燥收缩率小，为多种造型提供了良好的工艺条件。因此，

紫砂壶工艺中很早就有仿生雕塑类作品出现，通常被人们称为“花货”。

④泥土特性的把握。雕塑性陶艺是视觉艺术，艺术家进行创作时，首先要测试泥料的可塑性，主要是了解泥料能满足作品的哪些要求。可将泥料捏成一张弹弓的形状，看看泥料有没有断开或开裂；也可将泥擀成扁形薄板状，看看泥土是否能保持这种造型；或将泥条通过盘筑的形式围高，看它能否支撑上面的重量。同时，注意观察成型后的泥土风干情况，看看有没有因收缩而造成裂纹以及形状的改变。

（2）雕塑性陶艺成型的特点

①重心点与支撑面。重心点实际上就是物体重量的中心点，它表示物体重心点的垂线在支撑的平面上所处的位置。任何物体都有一个重心点，掌握重心点是雕塑性陶艺立稳的基础。支撑面是指由物体各支撑点连接组成的平面。雕塑性陶艺的底座支撑一般由各种不同的面连接组成。有的雕塑性陶艺底面是一个整体平面，支撑面起着支持面内物体立稳的作用。一般来说，支撑面越大，物体放置得越稳固。雕塑性陶艺的重心必须落在支撑面内才能稳固，重心垂线越是趋向支撑面的中心部位，它就越稳固；若趋向支撑面的边缘部位，稳固性会逐渐变差，可能发生倾斜变形；若处于支撑面外，就会倒塌。

在整个造型过程中，重心点具有变动性。在创作的过程中，可以改变其重心使其更加稳固。此外，雕塑性陶艺的重心问题还需要考虑一个特殊因素——成型的坯体必须经过“火”的烧制，高温下坯体会由于耐火性而呈现一定的软荷性。因此，在成型过程中除局部重心，还要注意前后、左右部分的重力相对平衡，即在过重的部位添加局部支撑，以免产生局部变形。重心点与支撑面的关系是雕塑性陶艺成型的关键，是设计一件作品时首先要考虑的因素。

②负荷部位的体积。雕塑性陶艺的负荷部位，一般是指重心与支撑面之间的形体部分。这一部分直接承受上面物体的重量压力，因此对这一部分的体积也有特殊的要求。例如，立式人物或其他作品的下半部分及底座，体积一般尽量大且厚；高大的圆雕作品尤其要加大负荷部位的体积，以便承受重心以上形体的重量压力。从形体上看，应以上部略小、下部略大的三角形、梯形或圆弧形为佳，从而给人以稳定感。反之，则会因下部负载不了上层的重量，而给成型和烧成带来极大的困难。因此，雕塑性陶艺在设计时不应过分追求形态变化。

当以足为支撑的雕塑性陶艺因上部体积大、重量大，足部难以承受负荷时，可以在重心垂线处的腹部位置装置空心圆柱体的活动撑筒，以承载坯体上部的重量，烧结后再拆除撑筒。负荷部位与上部形体连接处，还应避免出现折凹式底面，因为该处极易产生内陷，以免局部变形。

雕塑性陶艺在成型过程中可以在不影响艺术形象的前提下，适当塑造一些符合表达作品主题的支撑物，以适当增加负荷部位的体积。负荷部位的体积大小、承受压力的强弱，直接关系着成品能否顺利塑造成功。调整和加大负荷部位的体积及承受能力的方法有很多，需要在实践中不断探索、总结。

③形体四维的均衡。雕塑性陶艺从造型看，可归为异形工艺品，其表现为形体的四周常表现出不均衡的面貌。这种不均衡使作品形象生动活泼，富有变化，但这种特征也是以平衡四周

支撑力为前提的。这种平衡需控制在规定的限度内，超过该限度，也会造成四周支撑力的不平衡，从而陷入被动。除了注意左右形体的变化外，也要注意上下、前后的曲直关系。较直的背面支撑力强，前面常有内凹或外凸形体，各部分形体重量变化不一，支撑力变化不定。如果处理不好各部分之间的平衡关系，使比较直的背面支撑力减弱到一定程度时，便会向支撑力更弱的一面倾斜，导致变形甚至报废。

因此，理想做法是：在最初设计时，就把这个因素考虑进去，即把坯体形体四周的相对均衡面妥善处理好。

④形体的感染力。形体感染力既是一个理论问题，又是一个实践问题。从理论上来分析，雕塑性陶艺的感染力是各部分艺术形象的综合体现，这种综合体现不是各部分的简单加，而是整体融合的升华。例如，在人物陶瓷雕塑中，通过人体各部分的动作所形成的运动节奏和韵律表现人物复杂变化的心境和情绪，这与东方艺术主张的“韵外之致、味外之旨”的创造理论是一脉相承的。此类作品的形体感染力更加持续、深入，更具意蕴。

因与火交融，雕塑性陶艺在成型过程中会受到材料性能和烧成条件的限制，但这种限制在某种程度上也可转变为优势。烧成工艺中既有制约、难以控制的一面，又有神奇、变幻莫测的一面，如一些艺术家能巧妙利用火的偶然性创造出意想不到的艺术效果。

3. 雕塑性陶艺在空间中的应用

现代雕塑性陶艺与现代雕塑艺术之间有很大的联系，它们都呈现出三维的形体。谈起陶艺与雕塑，大家很自然就会想到空间，空间是个绕不过的话题。有时一件作品可能是雕塑与陶艺的合成，只有两者互相统一，才能更好地为空间增添气氛，因而空间对它们的要求是一样的，即在美化环境的同时，更要关注当下社会的需求。

现代大型雕塑性陶艺被大量运用于户外公共空间，给自然环境增添了艺术气息，再加上很多作品注重与公众互动，很容易被大众接受。

现代雕塑性陶艺，在走入室内、室外环境空间的过程中，在外形上借用了雕塑手法，在材质上模仿的是雕塑的材质，如模仿木材、石材等，这种情况会让人觉得可以使用现代雕塑性陶艺完全替代雕塑，实际上是不可能实现的。现代雕塑性陶艺能模仿其他材质，也只是停留在外部的视觉领域，在内在，因为不同材质分子结构存在很大的差别，是没有办法模仿的。如接触材质时的手感和敲击时出现的声音等，是没有办法模仿出来的。所以，对于石雕、木雕等不同材质的雕塑而言，其拥有独特的雕塑形式，也是现代雕塑性陶艺没办法替代的原因。现代雕塑性陶艺对某种材质的模仿，只是对其中的一个特性加以表现，是特有的表现方法，如果只凭借这样的特性模仿就对其过度放大，将会严重制约现代雕塑性陶艺的发展，也会影响其在室内外环境空间的应用。

现代雕塑性陶艺介入环境艺术凭借的是其自身固有的文化与物质特性。放置在室内外环境中的近代雕塑性陶艺，在借用雕塑形式的同时还要凸显其中的观念因素：深挖现代雕塑性陶艺由泥土带来的亲和力及人情味；利用泥土极强的可塑性完成造型；利用火的烧制帮助作者完成最终的制作。做到以上几点，不仅能让现代雕塑性陶艺有效介入环境空间，还能极大地推动陶艺的发展。现代雕塑性陶艺的进步又能够便于其顺利介入空间艺术，展示独特的魅力与艺术效果。

第四节 陶瓷产品设计未来发展方向

一、凸显深层次文化特征

（一）传统手工艺的现代价值

在机械化、自动化飞速发展的今天，手工活动逐渐被机械化、自动化取代了，传统手工艺往往是几代人积累下来的有意义的符号储备，它的存在具有一定的前提条件，蕴藏着许多比实用、审美更深刻的东西，是人们在长期与自然协调、艰苦生存的环境中形成的智慧结晶。人们通过劳动创造了不断改善自然状况、不断进取、不断自我发展、适应新环境的人类社会，在劳动之余享受劳动带来的乐趣。现代科学的发展使艺术与技术逐渐分离而变得纯粹，这种分离使艺术失去了生存的根源，呼唤艺术与技术的重新结合便成了人们的自觉行为。

我国是拥有数千年文化发展历史的国家，数千年的文化积累，让中华民族屹立于世界民族之林，也让中华文化在世界文化之林屹立不倒。传统文化主要包括物质文化和精神文化两个层面，正所谓“器以载道”，精神文化要想获得有效的传承发展，除了要凭借抽象概念的文字灌输与说教之外，还要利用生动形象的物质容器进行承载，只有这样才能够把中华文化深植到人们的血脉当中，成为人们生命中不可或缺的一部分，得到世世代代的传承与发扬。所以在全球化背景下，加强对传统手工艺文化的保护有了全新的意义和内涵。

（二）传统文脉的延续

中国现代民间陶瓷的生产制作技术继承了传统的成型方法，几乎全部为手工艺的方法完成制作及生产，其重要目的是把我国民间传统的技艺之美留存下来，然后对材料之美进行有效的表达。

我国现代民间陶瓷在艺术方面体现出的魅力与价值是现代陶瓷产品没有办法比拟和替代的，而且民间的陶瓷工匠出于生活需要，自然地发挥其技术及工艺，毫无矫揉造作的元素，也没有炫技的倾向。这些民间工匠对陶瓷原料性能的掌握非常细致，主动运用熟练的技术与工艺对材料进行合理应用，因而能够最大化地把材料的特质表现出来。

关注传统的传承及延续，在此基础之上对传统进行归纳提炼以及再创造，以传统技术、材料、装饰手法等作为重要根基，融合全新的技术手段、工艺、材料等内容，加入全新的造型方法与艺术形式，制作出带有深刻文化内涵与现代审美相适应，并且拥有极高品位的陶瓷制品，进而有效提高人类的生存质量，提升现代生活的艺术性及文化品质。现如今我国陶瓷制作的工艺以及所生产产品的质量都比日本落后很多，想要合理应用我国的传统技艺方法，并以此为根基，将我国陶瓷产品提上一个新台阶，要从传承、创新中开始。

（三）传统与创新的结合

1. 共存发展的基础

我国有着几千年的悠久文明，也有着悠久的手工艺传统。在我们迈向现代化的过程中，如何对待悠久的传统仍然是一个未曾解决的问题。如何保护和发扬民族文化的传统，是各个国家在现代化进程中都会遇到的问题。

无视传统而实现美的情况，是不可能出现的，美的基础应该是民族性。牢靠的文化基础不是传统吗？如果不去继承和发展传统，就没有国民性的工艺。我们要不断地从自己的传统中获取美的精神食粮，保护和发展工艺传统就是保护和发展传统文化。

2. 回归发展的延续

民族传统是民族智慧的结晶，也是历史映照未来的镜子。在现代化水平逐步提高的背景下，特别是在设计现代化深入推进的进程中，理智地对待传统，不但是尊重民族历史的内在需要，也是让传统服务于现代化发展的内在需求。我国是一个有着十几亿人口，以数千年文明历史为背景的优秀传统大国，抛弃民族传统，过度追求西化，这是民族的悲哀。我国的传统工艺在发展过程中面临极大的压力和挑战，而形成这一巨大困境的主要原因是在对待传统的态度表现得非常轻率，传统工艺过多关注的是经济效益，没有挖掘其中的精神价值。中国人长时间以来处于物质匮乏的状态，面对经济改革与开放的重要机遇，就会对现代商品生产产生依赖，而这样的做法会把传统看作现代化推进的对立面。哪怕是在今天，很多国人仍然对传统有这样的认识。

站在文化层面上进行分析，工艺传统是传统体系的一个重要构成部分，是民族在历史发展历程当中形成的思维与生活方式的体现，也是适应本土生存发展特征的重要文化模式。我国的工艺传统涵盖整个民族数千年发展历程形成的审美情趣及文化风俗，这些内容都是民族精神，是重要的民族财富，也是国人在物质生活当中逐步显现出来的精神寄托。现代化的工业设计已经超越了纯粹满足功能需要的阶段，把目光投向了精神需要。在这个领域，我国传统工艺思想有着更为深入的认知，很多要素非常值得借鉴。

在我国的工业现代化水平以及设计现代化水平不断提高的背景下，民族传统并不是累赘，而是值得学习借鉴的财富。这里所说的借鉴不是简单抄袭或借用传统形式，而是站在极高层次境界上对传统的认知及融会贯通。在借鉴的过程当中要把关注点放在体会传统工艺思想中容纳的民族文化、民族精神以及民族个性上，进而开发出带有鲜明民族特色的传统特征和浓郁时代精神的现代工业设计风格，只有这样才能够助推现代工业设计的创新发展，才能够让传统文化得到传承和发扬。

（三）创新—发展的原动力

任何事物的崛起、壮大、发展、繁荣、衰败、灭绝，外因多种多样，内因总是保持创新成果的不断出现。凡是不符合社会发展规律的事物都会被历史淘汰。历史上辉煌的文明，如果不吐故纳新，如果没有创新意识作为动力，终会走向没落。中国陶瓷有悠久的传统历史和文化积淀，既有丰厚的传统财富，又有沉重的传统包袱。面对这样一份厚重的文化遗产，如何发挥其正面价值，消减其负面作用，是一个不容回避的问题。艺术的发展并非独立存在，它依托于时间。无限循环地继承传统和打破传统。艺术永远也脱离不了传统和创新这两个概念，创新是事物不断向前发展的原动力。传统与创新并不冲突，相反，它们是继承的基础。通过传统手工艺的创新，可以获得快速而有效的发展，最突出的优势是手工劳动丰富了人们的生活，并具有独特性和创造性，这是继承传统的根本。传统陶瓷生产是将手工制作作为主要形式的一种生产方式，在商品经济社会中势必会被先进的生产方式所取代，其中有很大一部分从生活实用品的范围向着观赏性、文化性的方向发展进步。继承及发展传统工艺要求在新的生活环境当中重新确认自身位置和生存土壤，以便从中汲取养分，最终蜕变成与现代社会审美相适应的现代工艺。如果没有继承，艺术形式和技法表现可能会走很多弯路，难以持续发展。我们要在前人的实践、经验、教训中吸取营养，更好地利用这一宝贵文化遗产，为手工艺制作带来新生命和活力。

观念的创新对于今天的传统陶瓷手工艺尤为重要，随着全球化高科技、机械化的发展，人们的生活方式和审美情趣迅速改变。传统陶瓷的工艺发展要针对不同需求调整、设计、生产，将现代化的意识融入传统手工艺精品，让文化更好地与手工艺设计结合。现在是文化综合多元化共同发展的时代，艺术创造应以不同的文化综合为契机，与中国陶瓷数千年的经验、智慧相结合，与现代世界陶艺进行深入而广泛的交流。

二、开拓多样化的设计之路

（一）极简的设计

在现代纷繁复杂的社会环境中，人们向往自然、简洁、安宁的生活，极简主义就是出于这种本质的需求。极简主义摒弃无用的设计，摆脱复杂，同归本质，保留纯粹的本真。设计的核心是抛弃一切干扰，以外形和功能为主要设计方向，能够亲切、平静、低调、不突兀。这种出自本意自然的设计，从精神层面上抚慰了现代人的心灵，缓解了都市生活中快节奏带来的精神压力以及美学泛滥造成的审美疲劳，减少了人们的精神负担。

（二）生态的设计

“回归自然”是人类社会步入“后工业社会”后产生的一种特定文化现象。回归自然不仅仅是生活在高度工业化社会中人们的生理需求，也是在高节奏生活环境中的人类心理需求与渴望。当今社会中，对田园生活环境的追求，对自然与真实生活的向往，影响了艺术的多方面。陶瓷实用器皿与生活密切相关，它的设计也承载着对人灵魂的慰藉，这提高了信息时代人们在功能与精神上的满足。我国的陶瓷设计师应考虑到不同人、不同时间、不同场合的使用需求，设计出更多实用、朴实且具有生活气息的设计作品。

三、陶瓷产业系统化

（一）品牌构建

优良品牌不只是企业无形资产，还能够让企业获得极高的经济效益，更为重要的是为社会的发展提供精神财富与文化财富，还能够对广大人民群众的思想认知及生活理念带来极大的影响。品牌形象不仅能提高企业在市场竞争中的竞争力，还能吸引更多的客户，提高品牌价值。因此，建立自己的品牌，打造优良品牌形象已成为企业发展的重要方向。良好的企业品牌形象能够让企业在激烈的竞争环境中脱颖而出，占据有利地位。成功品牌之所以经久不衰，是因为良好的品牌形象已经在广大消费者的内心确立了非常稳定的地位，这些商品的物质价值及精神价值得到了有效提升。

现代社会的市场竞争激烈，品牌建设是企业发展的重要课题。文化是品牌的内涵，品牌是文化的载体，可以通过展现区域文化特色，赋予实用瓷品牌个性，打造特色鲜明的实用瓷品牌形象。区域文化背景是日用瓷得以生存和迅速发展的历史人文环境，从多个方面影响着日用瓷品牌建设与发展。同时，区域文化特征制约实用瓷品牌的形成过程，影响实用瓷品牌的文化内涵和区域气质。

（二）建立陶瓷流通体系

目前，我国陶瓷工业尚未形成完整、成熟的流通体系，相关产品缺乏渠道和平台体现其市场价值，许多企业还停留在传统销售方式。我们可以向国外知名企业学习市场营销、产品策划、配套服务等一系列经营手段，扩大商品流通渠道。

陶瓷企业应该注重搜集陶瓷商业与技术的相关信息，在此基础上采取措施改进经营生产，以适应国际市场的需求。

四、陶瓷技术创新

各个国家在陶瓷材料方面的研究水平相差不大，但在新兴陶瓷材料方面日本占有一定优势，例如具有抗菌性能的陶瓷餐具、氧化铝强化瓷餐具、蓄光性日用陶瓷等。我们可以将纳米、生物等技术引入陶瓷原料的制作中，以提高产品的价值。

生产工艺方面，特别是窑炉设备，需要改变以往效率低，烧制时间长，烧制质量差的情况。可以借鉴国外的烧制技术，实现高热效率、短烧制时间和高烧制质量等优点，尽量减少一次烧制带来的变形和针孔等缺点。

生产技术方面，对陶瓷材料和原料的开发利用应尽最大可能确保产品的安全实用性，同时增强陶瓷产品的功能性与耐用性，节约能源，保护环境，减少废品、废料的排放，实现陶瓷生产的良性循环。

材料是陶瓷产品的基础，没有高质量的材料，就不可能制作出优秀的陶瓷产品。工艺技术和材料是相互依存的，通过不断开发新材料和新技术，使功能更加实用，造型更加完美，装饰纹样更加美观，以更好地适应和满足人们不同时代的生活需求和审美需求。

第七章　旅游工艺品设计与开发

第一节　旅游工艺品设计与开发概述

一、充分开发旅游工艺品的意义

成功的旅游纪念品系统化开发设计不仅能促进旅游区的经济发展，还能对旅游区的文化发展起到良好的促进作用。随着中国旅游业的快速发展，旅游产品的开发和设计被放在了突出的位置。如何从民俗和文化内涵的角度发掘和发展具有特色的现代手工艺，是一个非常重要的课题。

第一，旅游工艺品是可持续的可再生资源，而旅游资源的开发往往会枯竭。任何一个旅游区，可供开发的旅游资源都是相对有限的，不可能无限制地、无休止地随意开发。为了保护自然旅游资源，许多旅游区采取了封山育林或限制每日游客数量的措施。因此，旅游工艺品的开发是需要促进的。旅游工艺品可以丰富旅游资源，提高旅游产品的价值，吸引更多游客。在保证设计和研究的可持续性的前提下，大力发展旅游工艺品，是实现旅游资源的可持续发展的必要措施。

第二，旅游工艺品是旅游活动的延续，可以让旅游这种简单而短暂的活动变得更加丰富和有意义。旅游工艺品是旅游体验的物化表现，通过它们，人们可以回忆起旅游过程中的美好经历，使旅游体验得到持久保存。旅游工艺品不仅是旅游活动的重要组成部分，而且是旅游行业可持续发展的有效途径。对于每一个游客来说，每一次旅游活动都很短暂，每个人都希望延续旅游的美好瞬间。购买旅游工艺品，往往伴随着对旅游的美好回忆。

第三，旅游工艺品是对景区风土人情、生产生活方式的全方位浓缩和展示，本身就是景区的移动广告宣传。旅游工艺品是一种记录地域文化、艺术、历史等信息的物品，它反映了当地的独特文化传统、工艺技术、审美观念等，是地域文化的载体和传播者。通过它可以将大量的相关信息传递给群众，让更多的人了解并有亲身感受的欲望。这样的宣传、口碑和广告没什么区别，甚至更有说服力，对提升景区知名度非常有效。

第四，旅游工艺品的设计、开发和生产可以有力地支撑景区的经济发展。发展旅游工艺品可以为一个国家创造越来越多的就业机会和经济收入。随着游客消费水平的提高，旅游工艺品的购物消费在消费结构中占据的比重越来越大，这有助于提高旅游业的经济效益，并有望成为新的经济增长点。

第五，发展旅游工艺品业务有助于促进和传播一个国家或地区的文化艺术，可以促进各国工艺品创作设计能力和技术水平的提高，加强国际交流，从而提高旅游业的地位。旅游工艺品是一种国家或地区文化、艺术、工艺技术和物质资源结合的产物。为了满足游客购物需求，需要开发当地的文化艺术，生产具有艺术性、地方性和纪念价值的工艺品，这不仅有利于当地文化艺术的复兴和推广，而且有助于国际文化交流，提高旅游业的地位。

第六，旅游工艺品可以与旅游业互动。如果发展良好，旅游业完全有可能改变旅游工艺品销售的主导局面。事实上，许多旅游工艺品的意义不是简单的东西，而是成为一个地区和一个国家的象征。

二、提高设计品位，促进市场开发

（一）提高旅游工艺品的艺术品位与工艺水平

引进旅游工艺品开发、设计、制作的专业人才，进行旅游工艺品的特色开发和深度开发，满足“小”“精”“美”的要求，是开发研究的重要方面。

1. 景点特色

产品要体现旅游景点的特色，要有景区特色。

2. 资源特征

产品开发不仅要考虑物质资源的特点，还要考虑文化资源的特点。首先，充分利用山、水、土、树、竹、石、草、虫等丰富的物质资源；其次，要充分考虑当地的历史典故、名胜古迹、民俗风情、故事传说等文化资源。

3. 高附加值艺术旅游

一般而言，每个游客的旅行都带有独特的风情和意义。除了满足大众对手工艺品和玩具的需求外，高附加值的手工艺品，例如金银饰品，以及智能科技玩具也应该得到重视。同时也要注意高科技产品的引进；此外，有益于人们的身心健康、在室内永不枯萎的袖珍植物和花卉，都受到人们的青睐。

（二）让游客参与到旅游产品的生产制作中来

游客在购买旅游工艺品时，往往希望了解商品的材料构成、制作技术和制作工艺，这可以极大地满足他们的好奇心，丰富他们的旅游体验。例如，有一个树脂制成的老北京门楼模型，这些模型制作精美，价格适中，将老北京的特色展现得淋漓尽致。据介绍，这种门楼模型可以拆卸组装，不仅携带方便，还能让顾客在组装过程中了解老北京门楼的建筑结构，体验自己动手的乐趣，很受游客欢迎。另外，潍坊的风筝、景德镇的瓷器，游客可以根据自己的喜好进行设计或绘画。这样的旅游工艺品既能体现景点特色，又因为游客本身的参与而具有重大意义，必然会受到游客的青睐。

（三）传统材料与新工艺或者新材料与传统工艺的结合

除了关注人们需求的多样性和发展轨迹的研究，还需要不断改进生产工艺，从而提高产品的质量，与当代消费者的审美需求相符，提升消费者的购买满意度。同时，应创新经营模式、推销手段，以促进产品的销售，增加企业的经济效益。引进先进技术和制作方法，让传统手工艺品走出老圈子，改变传统旅游手工艺品科技含量低、经济效益差的局面。旅游工艺品具有独特的个性特征吸引游客去发现和购买，如果旅游工艺品失去了个性，就会失去对游客的吸引力。因此，在开发旅游工艺品过程中，应避免简单的复制，应该在传统和创新之间寻求平衡，开发高品质、高起点、个性鲜明的名牌旅游工艺品，以及通过大力宣传和推广来树立旅游工艺品的形象，将有助于在旅游市场中占据一席之地。

（四）紧扣地域特点进行旅游产品文化深度发掘

在开发旅游工艺品的过程中，应把传统和创新结合得恰到好处，使其在保持文化传统的同时，兼具现代化设计的特征。这样既可以保护传统文化，又可以开拓市场，丰富消费者的选择，同时使旅游工艺品更具吸引力。在任何商品生产中，社会需求决定产品设计和生产的需求，社会需求是多样的、发展的。要把握这些需求，就要把社会、经济、文化进步有机结合起来，凝聚在物质产品上，所以旅游工艺品要特别注意各种文化的独特性和时代性。文化是在适应环境的条件下产生的，不同的民族和地区会形成不同特点的不同文化，不同的国家有不同类型的文化。中国是一个多民族的国家，不同地区也有丰富多彩、各具特色的文化，如齐鲁文化、巴蜀文化、楚文化、吴越文化、两广文化等。每一种文化类型都有特定的形成方式及其稳定的特征。旅游工艺品要想充分吸引消费者，在设计时突出特定地域的独特文化内涵至关重要。历史悠久的天津“泥人张”就是一个典型的例子。作为天津的一种特色旅游工艺品，其形象的鲜明性体现了其造型的独特性。可以说，旅游工艺品的设计在某种意义上也是技术与艺术的有机结合，符合人们的审美需求和生活方式，兼具实用性和艺术性，满足旅游市场的需求。同时，旅游工艺品的设计也要符合区域特色和文化气息，体现旅游目的地的特有文化底蕴，增强旅游工艺品的地域特色和文化内涵。产品的设计审美创造要遵循发展原则，以适应人们趣味追求的变化和新鲜感的要求。因此，开发旅游工艺品的时候，应该紧密围绕地方文化传统进行设计，加大对传统工艺的创新和改良，使旅游工艺品在保持传统特色的同时，融入现代元素，同时通过大力推广，扩大旅游工艺品的国内外影响力，吸引更多的游客，促进当地的经济发展。

（五）打造旅游工艺品品牌

商品品牌在现代社会无处不在，旅游工艺品是能给人带来更高层次精神享受的商品，当然要有自己的品牌。品牌可以给旅游工艺品带来一定的知名度。一方面，品牌手工艺品可以帮助旅游目的地宣传，将品牌与旅游目的地联系起来；另一方面，品牌工艺品附加值高，可以获得丰厚的回报。

第二节　旅游工艺品设计

一、旅游工艺品的概念与特征

（一）旅游工艺品的概念

旅游工艺品与普通工艺品的区别在于，它们能反映一个旅游景点的特色，展示该旅游景点的自然或人文景观，是可以保存和收藏的商品，也是该旅游景点特有的或带有其独特徽记的物品或艺术品。简而言之，旅游工艺品是旅游景点在旅游市场上的独特商品，是从旅游资源中衍生出来的一个概念。

从设计与制作的工艺性来说，通常旅游工艺品多运用典型的地域性设计手法，运用该旅游地特有的材料或资源进行制作，具有独特的审美价值和工艺美术价值，是新颖的设计艺术品，也是传承当地传统文化及艺术魅力的重要载体。

从旅游工艺品所包含的广义性来说，旅游工艺品包括旅游地的特色工艺品、经营管理用品（如门票等）及旅游服务用品（如导游图、说明书、图书和音像资料）等；而狭义上的旅游工艺品则专指旅游地的特色工艺品，如雕塑、刺绣、蜡染、金属加工及各种玩具等。

（二）旅游工艺品的特征

1. 民族性和地域性

民族性和地域性是旅游工艺品的本质特征。旅游本身就是一种文化的交织和融合，而构成这种文化交织的节点就是当地的景点和文化特色。旅游工艺品作为旅游文化的载体，采用当地的原材料和传统工艺制作生产，其设计理念也蕴含着传统文化和独特的创意。通过旅游工艺品的设计，可以将不同民族、不同地域的消费模式、审美标准、群体爱好、人际关系等通过工艺品的外在形式或使用方式表现出来，极具吸引力。这也正是旅游工艺品的独特魅力所在，这种魅力不仅能够吸引更多的游客前来旅游，还能让游客更好地了解当地的文化，增进当地与外地的文化交流。因此，开发旅游工艺品的过程中，要特别注重当地文化的保护和传承，使旅游工艺品具有很强的文化含量和价值，以更好地发挥其市场潜力。因而民族风格和地方特色越突出的旅游工艺品也越具有深刻的纪念意义，当然也更容易受到旅游者的欢迎。

2. 层次性和针对性

层次性和针对性是旅游工艺品的市场特征。不同游客的旅游动机、旅游需求具有鲜明的差异性，不同的消费价值也决定了旅游工艺品具有明显的层次性。对不同的消费群体，可以通过高、中、低三个层次进行市场定位，针对不同的消费需求提供合适的产品。同时，旅游工艺品也具有针对性，通过针对性的设计、生产和销售，更加有效地满足游客的需求。

3. 趣味性、纪念性和相对实用性

人们在旅途的奔波劳累中之所以愿意停下脚步来购买旅游工艺品，很重要的原因是工艺品本身具备较强的趣味性。如果说，玩具仅仅是孩童的专利，那么，旅游工艺品便是老少皆宜的大众型玩具。旅游工艺品从设计之初，便要以趣味性为标准，将旅游者的爱好和个性融入其中，将文化、艺术、知识和生活这几个元素加以平衡，使之达到一种能与人们的旅游目的相适宜的体验效果，给人以美的艺术享受，丰富旅游者的综合感受。设计新颖独特、造型逼真、活泼有趣是旅游工艺品设计的核心所在。

旅游工艺品具有相对实用性的特征，即要对实用性的日常商品赋予纪念性的文化内涵。旅游工艺品的实用性通常不具有日常操作层面的意义，而是多用于环境的装饰或点缀，因而它不等同于一般产品的实用性，这种实用性具有相对性。例如，有的旅游工艺品只在适应某种类型的人的需求时才具有实用价值，而有的旅游工艺品还需要考虑时间性和季节性对其的影响与需求。

4. 多样性和易带性

游客购买旅游工艺品的目的各不相同，一般分为三种：一是自己留做纪念、欣赏；二是馈赠亲朋好友；三是旅途中使用。总体来看，由于旅行的客观条件的制约，一般旅游者对旅游工艺品的需求数量不多，但要求的品种相对繁多，并且对工艺品的质量、体积、重量等都有一定的要求，要便于携带，有相对多的选择余地。事实证明，满足以上消费特点的旅游工艺品具有良好的销售市场。销售反作用于生产，这也对其最初设计提出了更高的要求。例如，要求工艺品的设计小型化，在具有其正常功能的同时尽量小巧玲珑，便于携带；使工艺品的设计重量轻便化，在生产商品时应该以轻质原料代替重质原料，而不明显加重旅行中携带和运输的重量；使工艺品用途的设计多样化，以便使一物多用，减少累赘。

（三）旅游工艺品的功能

第一，旅游工艺品具有增加旅游收入，带动旅游地经济发展的功能。旅游业是中国的朝阳产业，在旅游业“食、住、行、游、购、娱”的产业链条中，旅游购物的重要性不可小觑。人们对旅游品质的要求不断提高，对旅游产品的购物热情逐渐高涨，期待买到更好、更具创造力的旅游工艺品。旅游工艺品的销售极大地拓宽了旅游的购物市场，为旅游地旅游商品的繁荣注入了新的活力，为当地的设计企业、制造业、运输业等提供了新的生机，成为旅游地经济发展的一个新增长点。

第二，旅游工艺品具有增加旅游地知名度和影响力的功能。旅游工艺品反映了旅游地的独特自然景观和人文风貌，其本身就是一张可移动的名片。它以自己独特的存在方式无声地介绍和宣传特定的旅游内容，并随着旅游者的流动、馈赠及展示欣赏，在更大范围内为该旅游地作免费宣传。

第三，旅游工艺品具有纪念收藏的价值。随着人们生活水平的提高，人们越来越注重精神层面的享受，注重追求生活乐趣与审美情趣，愿意花更多的时间和金钱来收藏一些艺术品以陶冶情操。旅游工艺品本身不仅具备艺术品的属性，同时也浓缩了一个地域特有的文化内涵和民俗特征，积淀了一次旅游的完整记忆，成为旅游的证物。也有一些旅游工艺品由知名设计师、美术家等亲自操刀设计，或是曾获得相关的设计奖项，具有限量销售的含义，因而更具纪念意义和收藏价值。

第四，旅游工艺品具有一定的投资增值功能。作为特色的旅游商品，旅游工艺品具有与特定旅游地相联系的垄断价值和社会文化内涵，时间越长越是珍贵，尤其是在某些关键时间节点或重大旅游展示活动中具有明显的投资增值作用。

二、旅游工艺品设计的艺术特征

（一）旅游工艺品设计的概念

旅游工艺品设计是现代艺术造型中的新兴学科。它是指运用美术学、造型艺术学、美学、社会心理学、营销学、环境学及工艺美术设计的基本原理，结合景点的自然景观、人文景观的特点进行旅游工艺品的开发设计。旅游工艺品的设计必须体现当地景区的特征，包括自然景观、人文景观和文化内涵。在对该地区的社会经济、历史文化、民族、地理环境等进行调查研究之后，要对市场及价格定位进行分析，从而更好地掌握旅游工艺品设计的基础知识、方法和规律。

（二）旅游工艺品设计的要求

1. 旅游工艺品设计首先应把握地域性特色

地域性特色是旅游业开发的特征之一，各个地区的旅游业都会依托当地的自然资源与文化资源，以自身特色来吸引游客。在旅游工艺品的设计过程中，要想准确地把握地域性特征，重要的是要切实把握当地自然资源与文化资源的特点。因此，旅游工艺品的设计应该充分体现当地的文化特色，反映景区的自然环境和人文景观，同时通过对当地社会、经济、历史、文化等的研究来全面了解旅游工艺品的市场情况、价格定位等，这样才能科学地制作出具有地方特色和独特风格的旅游工艺品。如贵州的蜡染、江南的竹艺、少数民族地区的牛羊皮工艺等。近年来，宁夏的旅游工艺品设计抓住当地特色，利用本土资源设计出了一批极具地方特色和民族风情的作品，如细沙材质的沙版画系列、芦苇版画系列、摇沙系列等，充分利用了沙湖的细沙和苇叶进行设计。

2. 旅游工艺品设计需注重对民间工艺的继承与创新

在早期的生产活动中，人类将审美观念融入创作中，产生了表达民间审美的工艺意志。它的创作原则强调简单、健康、善良的自然美，进而传达一种最原始的审美观。正是因为民间手工艺品自然质朴的风格，才深受各地游客的喜爱。各地区旅游部门一直把发展民间手工艺品作为促进经济发展的手段之一。旅游工艺品的市场前景非常广阔，特别是随着旅游业的发展，旅游工艺品也在不断得到推广。有许多具有地方特色的工艺品在市场上面向消费者销售，不仅可以促进经济发展，同时也有助于提高工艺品的价值和知名度。许多地区都有丰富的民间工艺资源，因此，旅游工艺品的市场前景非常光明。在旅游工艺品的设计开发中充分利用民间工艺，不仅可以繁荣当地旅游市场，传播当地特色民俗文化，还可以使民间工艺在工艺美术、审美潮流等不同方面得到相应的发展。

3. 旅游工艺品的设计应满足不同的旅游者心理

（1）自然型

自然型游客通常会对展现当地自然风景的工艺品或直接从自然中获取材料的产品更感兴趣，他们的旅游动机主要是欣赏特色的自然景观和体验人与自然的亲密接触。

（2）文化型

文化型旅游者对文化的兴趣很高，希望在旅游中感受当地的历史文化背景，他们会对当地有特色的历史建筑、遗址、古文物等更感兴趣，希望通过欣赏不同地区的文化差异，感受东西方或南北方文化的不同审美视角，体验时空穿梭，从而体验文化的充实感和愉悦感。例如，敦煌是中国著名的历史文化遗址之一。为传播敦煌文化艺术，敦煌莫高窟艺术发展所将手工艺品定位为纯粹的敦煌艺术风格，制作了壁画临摹、青铜器临摹、陶瓷临摹、莫高窟风景油画四大类百余种手工艺品。大部分复制的产品是基于莫高窟的壁画和彩塑。这些产品改变了过去粗糙的旅游工艺品充斥市场的局面，以悠久的历史文化为设计源头的旅游工艺品将满足文化型游客的消费心理。

（3）回归型

为了满足人们对大自然、文化以及宁静环境的需求，旅游业提供了一种可以让人们逃离城市喧嚣，领略大自然、文化和美景的途径，从而提升人们生活品质，获得更好的身心状态。旅游工艺品作为当地文化和自然资源的体现，能把当地独特的风情和气息带给游客，使游客更好地体验旅游过程中的人文气息和自然风情。很多人希望去旅行感受一下淳朴的民风和人性化的生活方式。这类人更愿意领略农家大院的生活氛围，感受当地居民淳朴的生活习惯，在风土人情中找到生活的情趣。因此，他们往往对民间手工艺品更感兴趣。

（4）社交型

社交型旅游者的购买目的是提高自己的社会价值或扩展社会交往中的友谊。一方面，他们希望旅游工艺品可以作为纪念品，以供未来回忆；另一方面，希望通过给亲戚朋友送礼物来增进彼此的情谊。这类消费者不仅要求产品具有地方特色，更强调旅游工艺品的功能和品质，希望产品能符合消费者的身份或表达亲友间的深厚情谊。社交型旅游者喜欢在旅游过程中与他人进行交流和分享，他们更喜欢有吸引力的、时尚的、带有个性的工艺品。这类工艺品有助于提升他们的旅游体验和满足他们的购买欲望。

三、旅游工艺品的设计流程

（一）调研分析阶段

目前，由于国内旅游市场上的工艺品设计水平参差不齐，复制和“山寨”现象严重，已经很难调动起人们的购买欲望。因此，我们必须设计出理念更加独特的工艺品重新进入市场来刺激人们的感官体验。旅游工艺品设计如何把握地域性特色，如何通过设计来对民间工艺品进行继承与创新，如何使旅游工艺品的设计满足不同旅游消费者的心理，这都是在调研与分析阶段需要解决的根本问题。

旅游工艺品本身是具有特定功能和意义的商品，其设计应考虑它的纪念性意义，即它是承载了游人一次完整的旅游体验的实物，也应充分考虑其经济意义以及在旅游产业开发中的重要性。旅游工艺品设计要与地域文化内涵紧密联系在一起，切实把握好人、创意设计和地域文化三者之间的联系。

明确所设计的工艺品的地域范围，深入实地了解该地区的历史文化特征，是每个设计师从事旅游工艺品设计的第一要务。在设计之初，我们可以通过网络搜寻、图书检索等非直接手段，从相对宏观的视角较为详细地了解该地的历史文化、民俗风情、审美特点等人文信息，为之后实地进入该地区调研做好前期准备。例如不同民族赖以生存的地形、水文、气候，以及各自的语言、习俗、个人信仰、生活方式、文化心态等，这些都形成了该地域所特有的历史文化传统，塑造了区域性的民族特性，促进不同民族形成各自特有的民族工艺。

（二）设计准备阶段

在经过第一阶段的调研分析之后，就应该深入该地区，通过对建筑、服饰、民俗及民间工艺的调研，尽可能地收集大量的文字、实物、影像等资料作为设计素材。在深入采风调研的过程中，要尊重各民族的习俗和文化，注意各地区的文化差异性，从大处着眼、小处入手，系统地进行资料收集。例如，汉族江南的服饰淡雅清秀，色彩多以同类色、近似色来协调统一；而北方的服饰则艳丽厚重，好用大红大绿具有鲜明对比关系的色彩。可见，在此阶段的调研与分析应做到有的放矢，既要从外观上保持和彰显该地域或民族文化的独特魅力，又要分析其内在的艺术特点，从中找到创意的火花。这是在为具体设计进行微观、细致的准备。

（三）定位构思阶段

定位构思阶段的重要性不言而喻，可以说，一件成功的设计作品在其最初构思之时就已经成功了一半。定位明确、构思新颖、创意十足，是保证旅游工艺品最后成型的先决条件。如果一开始不能准确地把握其鲜明的个性文化特征，没有考虑到地域性设计及工艺，就会不自觉地陷入旅游工艺品千篇一律、相互抄袭仿制的深渊，那么，这样的设计就变得毫无意义。

在具体设计构思时还应注意以下几个要点：

第一，统筹考虑民族特色和景区特色，尽可能将旅游工艺品打造成当地民族文化和旅游景点的象征。

第二，旅游工艺品的设计要充分考虑当地的历史典故、名胜古迹、民俗风情、故事传说等文化资源，而在物质资源层面，可以充分利用山、水、土、树、竹、石、草、虫等自然资源。

第三，旅游工艺品应该是记录一次完整旅游经历的物质承担者，尽可能浓缩当地的特殊材料和工艺。

（四）设计表现阶段

旅游工艺品设计表现主要是通过手绘或计算机技术来实现的，这二者都需要具握一定的绘画基础和美学规律，依据实际情况，还需要考虑一定的施工技术和方法，具备施工的条件。因此，加强素描、速写、色彩、装饰画、设计构图、雕塑等方面的基础训练是非常必要的，还应积极了解和掌握旅游工艺品制作的先进设备和技术，以提升制作的技术含量。此外，学习这些相关知识有助于更好地了解工艺品设计的历史、理念和技巧，从而更好地评价工艺品的价值和艺术性，进一步增强对工艺品的认识和热爱。当然，重要的是要了解传统文化，深入民间，学习民间艺术宝库中造型、构图、色彩的表现方法，在了解传统工艺技法和材料的过程中密切关注当代科技的发展，依靠新的科技成果，获得新的工作原理，探索适合现代生产的设计方法。

四、旅游工艺品设计的原则和属性

（一）旅游工艺品设计的原则

1. 参与性原则

体验式旅游重视游客的参与，游客的体验感受与参与程度成正比，参与的程度越深，体验感受就越丰富，效果也越好，相反，如果参与程度较浅，体验感受就会比较淡薄，不能留下深刻的印象。全身心投入地参与能使旅游者在参与过程中感到喜悦，因此，增加旅游者的参与性是使游客获得深刻体验的重要途径。

2. 个性化原则

旅游市场的竞争力强调体验式旅游产品的独特性，体验式旅游产品的生命力与个性化程度密切相关。要让体验式旅游产品快速占领旅游市场，必须强调体验式旅游活动的个性化，打造自己的体验式品牌。所谓个性化，就是与众不同，拥有个性化的物品会让拥有者感觉与众不同，带来自我满足感，或者因为容易得到别人的关注而感到骄傲。这种积极的、良好的体验可以通过拥有个性化物品来实现。因此，随着物质均质化的结束，个性消费成为人们新的消费热点。

3. 差异性原则

人们在旅游体验中希望有独特的体验，而不是普通的、与他人相同的体验。因此，差异性是维护旅游体验竞争力的关键因素，有助于吸引游客前来参观，并给他们留下难忘的印象。

4. 文化与商业结合原则

文化是体验式旅游商品的真正内涵和生命。旅游不仅是一种经济活动，也是一种文化活动。

把握商业与文化的结合，规划以文化体验为主的旅游体验活动发展方向，吸引更多游客参与体验。

5. 情感化原则

因为人类具有强烈和丰富的情感，所以在与他人交往过程中，情感的传递和交流显得尤为重要。通过观察面部表情和肢体语言，我们可以判断人们的内心情绪和感受，从而更好地理解人们的需求和期望，进而提高人际交往的效果。人们喜欢在动物和无生命的物体上加入自己的情感、信仰和动机，赋予它们人性，使我们的情绪产生积极的反应，从而感受到良好的情绪体验。

6. 娱乐化原则

旅游工艺品能够为人们带来积极的、放松的体验，帮助人们减轻工作压力，提升生活品质。人们还可以通过旅游工艺品与他人交流，增强感情，增进了解。因此，旅游工艺品也成为人们追求快乐生活的重要手段。一些以娱乐和游戏为目的的有趣的产品越来越受到欢迎，人们从它们那里获得了快乐。

（二）旅游工艺品设计的属性

1. 装饰性

装饰性要求运用夸张、变形的手法，超脱自然的形象，强调造型同元素的特征来适应工艺的制作，服从意境和情调的需要，具体从形象的概括（夸张美的部分）、构图（强调形式美）和细节三要素来把握。工艺品的制作要强调细节的处理，曲线的弯度、打点的装饰等细节的体现决定了工艺品的优劣。

2. 功能性

旅游工艺品的设计应注重形式美和功能的统一。不同功能的物体为图案和花纹的设计提供了多样的形式。形状和图案的设计不仅要考虑加工工艺能否达到，还要考虑最终产品的使用效果。

产品的功能指的是它满足人们需求的能力，这些需求可以是实际用途，也可以是象征、审美、表征等方面的需求。在这里，功能特指实际用途或使用价值。比如陶瓷可以用来装食物，床可以用来休息等，这些都是实用功能。在塑造产品的功能语义时，功能是通过结构安排、工作原理、材料选择、技术方法、形态关联等来实现的。

此外，提高产品功能性语意的塑造还需要从对原有功能的再理解中得到启发。通过不断将脑海中未定型的想法与现实中的事物相结合，可以创造出新的功能组合，从而生成与新功能相对应的新形态，即进行功能语意的创新，从而推动设计的进步。功能是产品中共同存在的因素，它能使全人类产生一致的反应，使设计达到跨国界、跨地区、跨民族、跨文化的认同。要树立功能分析的理念，注重功能的改进和创新，用理性的思维方式设计出大众能够理解和接受的造型。因此，产品设计需要遵循人性化原则，保证产品功能表现得清晰明了，并以易于理解的方式呈现，方便用户使用，这样才能保证产品具有高度的实用性，同时也能加强用户体验。人们在使用产品时，需要有一定的理解基础，这就要求产品设计必须具有可读性和明显性，通过公认的语意符号传达信息，使人们可以轻松地理解产品的功能和使用方法。这是产品功能性语意设计的重要方面。语意建模要求产品设计师找到一种能够准确传达情感的语义符号，表达设计师的思想和产品操作方法，然后通过这种语义符号与用户建立语义领域的人际关系，从而引起消费者在使用和情感上的共鸣。

3. 风格属性

旅游工艺品的设计具有民族风格、时代风格和作者风格，可以说是多元化的。不同的历史背景、经济文化和风俗习惯会影响创作者的设计创作，创新设计应该体现出制作者独特的风格，通过鲜明的形式表现出来。

4. 工艺性

工艺性是指物质技术的特性、条件、限制和禁忌。在创造活动中，是指用合理的工艺弥补材料的加工性能、化学性能和机械性能的局限性。设计是一个探索和创新的过程。研究和设计是验证设计产生和发展的过程。我们今天研究设计的目的不仅是了解设计背景，更是了解设计的原因。从以手工制作为基础的传统工艺到以机械制作为基础的现代设计，虽然“好时”“地气”已经不再是制作好器物的决定性因素，但“材美”“工巧”所倡导的科学合理的选料选材思想依然在现代设计中熠熠生辉。传统内容不会消亡，它总是以新的形式重新出现。我们应该结合时代特点，了解中国传统创造文化的精髓，了解其与现代设计相通的创造性思维特征，创造出属于我们自己的现代设计文化。

工艺性特征可以通过设计师的巧妙使用，被纳入作品的整体表现中，以增强作品的内在意义和表现力。材料的叙事功能在现代设计中具有重要的地位，对于增强作品的表现力和表现效果具有不可忽视的影响。所以，在决定如何处理一种材料之前，需要考虑到材料本身的特性，以及使用者和环境对它的要求，并考虑其与人以及周围环境的有机关系。这样才能选择最适合器物设计和材料的工艺。

在选择材料的过程中，需要综合考虑材料的物理性能、化学性能以及它们与产品的目的、环境及使用者的关系，选择合适的材料制作出功能优良、形态美观的产品。而材料的特性又决定了一定的工艺加工方法和艺术造型特征。如木材的锯、刨、凿、烤、钉、榫接工艺等，塑料的挤、压、延、吹、喷射、发泡等一系列与之相应的工艺技术，都建立在不同材料的自然属性的基础上。

材料、工艺和器物三者是相互关联的，各自都有不可替代的作用。材料决定着器物的特性和功能，工艺决定着器物的制作过程和效果，而器物是材料和工艺的最终结果，同时又是对环境和人体的接触与反馈。整个造物过程需要材料、工艺和器物的协同作用，才能实现造物的目标。丰厚的物质材料是“材美”的凭借，先进的技术工艺为“工巧”提供了支撑。

第三节 旅游工艺品的市场开发策略

一、旅游商品市场开发策略

（一）旅游商品市场营销的定义

1. 市场营销的定义

市场营销的概念中较为经典的有以下两点。

①市场营销是个人和集体通过创造并同别人交换商品和价值以获得其所需所欲之物的一种社会过程。

②市场营销是发展和有效分配商品或劳务目标市场的活动。

2. 旅游商品市场营销的定义

据市场营销定义分析，商品市场营销主要包含两个方面的含义：

一是商品买卖双方在一系列活动的作用下实现供给与需求的对接；二是商品或劳务在买卖双方之间的转移。

因此，我们给出旅游商品市场营销的定义是，旅游商品供给者通过一系列活动，实现旅游商品在旅游商品供给者与旅游者之间的供需分配的过程。

3. 旅游商品营销的观念转变

市场营销观念的形成是一个复杂的过程，在世界经济发展历程中，商品市场营销观念经历了多阶段的变化过程，简单来说，主要有生产导向阶段、商品导向阶段、推销导向阶段、消费者导向阶段、生态学市场导向阶段、社会市场营销导向阶段，以及大市场营销导向阶段。

在前三个市场营销观念发展阶段，市场营销主体的营销行为都是基于商品生产者而进行的；在接下来的三个发展阶段中，市场营销主体的营销行为是基于商品消费者而进行的。而最后的大市场营销导向阶段，是一种强调运用政治工具、公共关系等手段影响企业外部环境、引导市场需求并进行满足的营销观念，这是对于“外部环境不可控制和改变”的一种巨大突破。

旅游商品市场营销的观念同样也经历了这样的发展历程，在现代经济社会的形势变化中，我们也应该采用大旅游市场营销导向，进行对外部环境的影响和消费需求的引导，实现旅游业经济效益、社会效益和环保效益的共赢。

（二）旅游商品的市场结构

1. 旅游景观商品的市场分析

（1）旅游景观商品的目标市场

目标客源市场定位有四种类型，在选择合适的细分市场时应考虑以下因素：各细分市场的规模、增长率、变化趋势和竞争态势；各细分市场的准入门槛和收入状况；细分市场之间的相互关系和竞争；旅游景点的特色、规模和等级；目标景点与其他景点之间的空间联系和竞争。

景区在选择目标市场时，要考虑三个因素：实力和竞争格局，产品特性和生命周期，营销环境。

（2）旅游景观商品的市场定位

旅游景观商品的市场定位是指将旅游景观商品针对特定的消费群体进行营销和销售的过程。这包括确定消费者的需求和偏好，以及该产品的特点和优势，并结合这些因素来确定产品的市场定位。市场定位的目的是使产品与目标消费群体的需求相匹配，从而提高产品的销售和营销效果。

（3）旅游景区市场的拓展模式

①内涵型发展模式指景区内的旅游景点开展多元化经营，全面满足目标顾客的需求，提高服务水平，拓展景区服务内容。旅游的六大要素——吃、住、行、游、购、娱，是游客的基本需求，随着旅游消费水平的提高，向健身、教育需求发展。这些都是主流需求，此外还有很多个性化需求。

因此，旅游景观商品的市场定位应该以全面且高品质的服务为核心，吸引目标客户群前来游玩。为了获得最大化利润，景区通过综合性服务的设计和实施，留住游客，刺激他们在景区的消费，提升市场定位和影响力。

②外延型发展模式指景区企业在景区以外发展经营活动。这种发展模式是根据企业的经营战略来实施的，一般可分为以下两种。

第一，主业延伸发展模式。这种发展模式也叫一体化发展模式，就是把景区的业务向相关产业发展。面向旅游市场，向前延伸到旅行社、旅游交通，向后延伸到餐饮业、旅游商品生产、横向投资和开辟新景点。这种模式无论向哪个方向发展，都离不开景区原有的主营业务，会以原有的主营业务为中心逐渐向外扩张。这种市场开发模式需要景区投资，属于投资开发模式，需要谨慎对待。

第二，管理输出模式。这是管理优秀的旅游景区（点）企业运用专业管理技术向同行业拓展的一种发展模式。这种模式通常不需要直接投资，是一种有利于无形资产的开发模式，但有时也会以参股、抵押重组、存款等形式进行一些投资，要看具体情况。其业务类型包括开业管理、培训管理、跨年度管理。这种开发模式要求景区有一批高素质的管理专业人才，母景区有良好的管理效益。目前，我国风景名胜区的管理从体制到管理还存在很多问题。需要专业管理的景区很多，但是没有可以输出管理的景区企业。

③合作开发模式是集中人力、物力、财力共同开发风景旅游资源。合作组应站在宏观层面，根据景区旅游资源的配置，共同开发特色产品和竞争产品，减少开发的盲目性，避免因重复建设而浪费大量人力、物力和财力。合作模式包括两种：一种是“相邻型合作”模式，另一种是“远距型合作”模式。

“相邻型合作”模式指若干个彼此紧密相邻的区域景区之间所进行的旅游市场经营合作。分析我国各区域景区，宜采取这种合作模式的大体上有三种情况：

第一种情况是几个彼此相邻的区域各有一种（处）或若干种（处）比较独特的、难以被其相邻区域旅游资源所替代的资源。按照比较优势理论，这几个相邻的区域景区宜以资源比较优势为基础进行区域景区旅游市场经营合作，合作的意义主要是在这几个区域景区之间形成旅游优势互补、彼此辐射的作用。

第二种情况是几个彼此相邻的县域共同拥有同一单体规模巨大的旅游资源，以此为基础进行区域景区旅游市场经营合作，合作的意义主要是对该旅游资源进行整体性开发。

第三种情况是几个彼此相邻的区域景区都拥有相似性较大的同一种或若干种单体数量较多、分布较零散的旅游资源，这些旅游资源之间在诸如历史、文化等方面有着密切联系。

“远距型合作”模式是指若干个相距较远的区域景区之间所进行的旅游市场经营合作。虽然我国一些地区相距遥远，但每个地区的主要景点在历史、文化等方面都紧密相连，每个景点在旅游推广和旅游市场拓展方面也有共同的需求。因此，我们必须打破非相邻区域景区不能开展紧密的旅游市场运营合作的惯例，以旅游资源开发、旅游推广、旅游市场拓展等为合作内容，采取一些有效措施促进这些偏远区域景区之间的市场运营合作。

2. 旅游纪念品的市场分析

旅游纪念品是旅游商品的重要组成部分。它们的发展速度将直接影响旅游业的经济效益和中国成为世界旅游强国的目标的实现。目前，我国旅游纪念品市场与旅游业发展不协调，还存在一些问题，可以概括为两个方面。

一方面，产品质量差及其阴影效应。主要是指一些落后的经营理念和短视的卖家的“屠杀”行为对区域旅游形象造成的负面影响，这些卖家提供着当前旅游纪念品市场上的大量劣质或假冒旅游纪念品。

另一方面，旅游纪念品的市场空间格局混乱，缺乏与产品和市场地理范围相对应的层级体系。旅游纪念品的生产和销售忽视了旅游纪念品作为一种特殊商品的价值特征，主要表现为两种现象。第一，某一地区真正具有地方特色的旅游纪念品由于投资和宣传力度低，没有打造成品牌，销售范围太小，无法实现其潜在价值。第二，一些地区没有优秀的旅游纪念品，而知名和成功的产品是从该地区以外的地方引进的。此举虽然扩大了纪念品的销售范围，但也造成了诸多不利影响。

（1）旅游纪念品的市场空间并非无限

与一般商品相比，旅游纪念品具有独特的价值特征，这取决于其作为旅游目的地和旅游过程双重记忆载体的存在价值。旅游纪念品的市场空间应该受到区域限制，主要有以下两个原因。

一方面，旅游纪念品的市场行为（包括设计、生产、销售、购买等）是旅游行为的衍生。在旅游业出现之前，没有旅游纪念品。旅游行为发生在常住地以外的某个地区，由此衍生的旅游纪念品的市场行为必然受到该地区范围的限制。尽管随着市场的发展和变化，一些旅游纪念品的初步设计、生产和加工已经跨地区完成，但主要的销售和购买过程仍然与旅游行为密切相关，并在某一地区实现。

另一方面，旅游纪念品缺乏一般商品的物质意义的使用价值，其商品价值在很大程度上由精神意义的价值支撑，包括其所属旅游目的地的当地文化特征和旅游体验的记忆享受。这些价值的实现也受到自然区域范围的限制。

因此，旅游纪念品的市场空间是有一定界限的，并非可以随其他条件的发展而无限扩展，它主要受旅游纪念品的价值特性所影响和决定，具有一定的层次体系。

游客想要购买旅游纪念品不仅看中它的实用价值，更是一种精神享受。这是旅游纪念品的价值特征，可以作为商品交换。其价值特征主要包括两个层面。首先，旅游纪念品对旅游目的地供应层面上的象征价值，即从供应角度来看，旅游纪念品是由一个旅游目的地提供的，并聚集了旅游目的地的一些自然或文化特征，这是旅游目的地象征性的载体。其次，旅游纪念品在游客需求层面上的纪念价值，即从需求角度来看，游客购买旅游纪念品，是为了满足自己对某一旅游目的地和旅游过程的记忆需求。这两个层面的价值特征共同构成了旅游纪念品价值的支撑框架。

①旅游纪念品的象征价值对市场空间的限制

旅游纪念品是具有特殊市场结构的旅游商品，它聚集了一定范围内的自然和环境资源，融合了该地区的民俗、历史和文化，是旅游景点或目的地的象征性物质载体。它是在区域资源的基础上诞生的，它的象征价值是通过真实环境的反映来体现的。它是当地文化特征的一个甚至多个方面的缩影。旅游纪念品的象征价值只有在游客接触产品并反映旅游目的地的真实环境并获得批准后才能实现。因此，其市场地理空间受到其象征性地理范围的限制。假设旅游纪念品的市场空间突破了这一限制，实行跨区域销售，游客在接触产品时无法反映象征性场所的真实环境，无法对当地文化有深刻的感受，无法在主观情感和客观环境之间形成共鸣，并且不能为购买行为提供足够的决策支持。因此，跨区域销售的结果是市场空间扩大但市场份额可能不会增加，甚至会产生削弱旅游纪念品原有象征价值的阴影效应。

然而，旅游纪念品不应完全否定跨地区销售。旅游纪念品的购买还受到许多其他因素的影响，例如游客的行程安排、旅游目的地的宏观经济水平以及旅游目的地微观购物环境。由于不同的因素，跨区域销售存在于不同的地区，并且是必要的，但有一定的规则需要遵循。

②旅游纪念品的纪念价值对市场空间的适度扩展

旅游纪念品作为旅游目的地的象征，被游客作为纪念品购买和收藏，成为游客体验的载体。游客在旅游活动结束后的时间内享用旅游纪念品时，仍会实现对目的地特色文化和旅游过程的二次消费，即记忆享受，从而实现旅游纪念品的纪念价值。因此，游客会在旅行过程中购买具有纪念价值的商品作为收藏品。

但是，并不是所有的景区或旅游目的地都有很好的购物环境，可以吸引游客消费；不是所有的游客都不受时间和金钱的限制。有些游客会在旅行计划中安排目的地的购物，但不是在所有旅游景点都会购买纪念品。

受这些不确定因素的影响，大多数游客会选择购物环境较好的景区或区域性旅游接待中心城市进行旅游购物，并希望旅游纪念品的种类足够丰富，其纪念价值能够覆盖旅游景点。因此，应将行政级别低、购物环境差的旅游目的地和景区的旅游纪念品有计划、有方向地集中到区域性的旅游接待中心城市，从而实现整个旅游过程的纪念性与整体性。

（2）旅游吸引物之间的联系对旅游纪念品市场空间的影响

旅游纪念品的市场空间不仅由上述两个方面决定，还受到其他因素的影响，例如旅游景点之间的联系。旅游景点在客观世界中的存在受到人类主观活动的影响，它们以不同的相关性彼此紧密相连。一定的趋同因素是构建旅游吸引系统的先导。比如江南三大名楼、佛教四大名山、五岳。一些景点系统以其独特的主题、悠久的历史和深厚的文化底蕴而闻名，这大大提高了旅游目的地的知名度和吸引力。

从系统理论的角度来看，旅游景点系统组合的相关效应对外部旅游需求产生了比单个旅游景点更强的吸引力，并削弱甚至消除了同一系统中单个旅游景点作为同一旅游资源的排他性，相反，它产生了相互扩大市场的宣传和推荐力。当游客在旅游吸引系统中接触到单个主体时，他们会因为对整个系统的兴趣而产生额外的旅游动机，甚至实施旅游行为。为了宣传旅游景点系统的相关性，纪念游客的主题系列旅游体验，客观上需要整合各个旅游景点的纪念品，创建一系列与系统形象相对应的旅游纪念品，并在每个单独的旅游目的地范围内同时销售，从而实现了原有单一旅游纪念品的跨区域销售，甚至是远距离的“飞地销售”，极大地拓展了旅游纪念品的市场空间。

通过以上分析和研究，我们可以得出旅游纪念品的市场空间具有以下特征：

① 旅游纪念品的市场空间有一定的局限性。旅游纪念品不能像普通商品一样，如果相关条件允许，可以不受限制地扩大市场。旅游纪念品的市场行为发生在旅游行为之后，它是区域性的，旅游纪念品的商品价值只能在特定地区得到充分体现。因此，科学合理的旅游纪念品市场空间有限。

② 与旅游纪念品象征性相对应的区域空间是旅游纪念品市场区域空间的最大范围。旅游纪念品通过在特定的地理范围内集中当地元素来吸引游客消费，从而显示出象征价值。这种象征性价值的最佳体验及其保留是旅游纪念品销售的先决条件。实现这一前提的根本途径是使游

客、旅游纪念品和纪念品符号元素在同一时间和空间中出现，使游客能够反映符号载体和符号对象，并找到它们之间的联系。因此，旅游纪念品的象征性区域空间是其市场区域空间的最大限度。

③受游客主观行为的影响，旅游纪念品在一定条件下可以跨地区销售，市场地理空间有限。

游客可以通过占据旅游纪念品的纪念价值来保留旅游体验的记忆。但由于游客对购物环境的挑剔、休闲时间和资金的限制、旅行行程安排的限制、游客兴趣的突然变化等，游客对旅游纪念品的消费行为会有所不同，并倾向于在旅游行程中靠近区域旅游接待中心城市。因此，旅游纪念品市场区域空间的扩张具有方向性和向心性。

④ 与旅游景点相对应的相关系统开发的旅游纪念品系列可以跨地区销售，甚至可以远程“飞地销售”，但必须限于相关系统中单个旅游景点的地理影响。

（三）旅游者的消费心理

1. 旅游者的消费动机和心理

游客的消费动机和心理是指在旅游商品购买准备和交易过程中发生的一系列极其复杂和微妙的心理活动。一般来说，游客消费旅游商品的动机和心理如下。

（1）求奇心理

这是旅游者特别是特殊旅游活动（如探险旅游）消费者普遍存在的心理动机。他们进行旅游商品选购时，首先要求商品必须具备异于其常住环境、常见事物的奇特特性，以此满足他们基本的消费需求。

（2）求新心理

这是追求旅游产品超时和新奇的心理动机。他们在购买旅游产品时，注重“时尚”和“新奇”，喜欢追赶“潮流”。例如，一对来中国旅游的外国夫妇，穿着看起来与众不同，当推销员向他们介绍中国古装时，他们非常高兴，马上买了两套，并说回家后会在生日派对上穿。

（3）求美心理

审美是旅游活动过程必然存在的消费需求，是旅游者的一种普遍要求。旅游景观商品的美学价值是旅游者求美心理的核心取向，旅游设施商品的美学价值是旅游者求美心理的重要辅助补充，旅游购物商品的美学价值是旅游者求美心理的印象升华。

（4）求名心理

这是一种购买心理，主要目的是显示他们的地位和威望。游客通过消费旅游产品的感觉来“炫耀”，比如我去过哪里，吃过什么样的食物，见过什么奇怪的东西，买了什么样的纪念品。具有这种心理的游客普遍存在于社会的各个阶层。

（5）求利心理

这是一种“少花钱多受利”的消费心理动机，其核心是“廉价”。有求利心理的旅游者，在选购旅游商品时，往往要对同类商品之间的差价仔细进行比较，还喜欢选购有优惠活动的商品。

（6）偏好心理

这是一种满足自身的特殊爱好和兴趣的购物心理。在信息经济快速发展的现代社会，越来越多的游客开始凸显和表达自己的个人消费偏好，并努力购买最适合自己喜好的旅游商品。偏好购买的心理动机往往更加理性，方向更加稳定，具有规律性和连续性的特点。

（7）自尊心理

具有这种心态的游客，在购买旅游商品时，既追求旅游商品的一般特征，也追求精神优雅。在实施购买行动之前，他们希望自己的购买行为会受到他人的注意和赞赏。

（8）仿效心理

这是一种从众式的购买心理动机，核心是不被忽视或“超越他人”。他们对社会气候和周围环境非常敏感，总是想追随潮流。具有这种心态的游客购买某些旅游商品，并不是因为他们个人的兴趣取向，而是为了赶超他人，从而获得心理满足。

（9）隐秘性心理

有这种心理的人，购买旅游商品时不愿被他人所知，常常采取“秘密行动”。他们一旦选中某旅游商品，便迅速成交。

（10）疑虑心理

这是一种思前顾后的购物心理动机，其核心是怕“上当”“吃亏”。他们在购买旅游商品的过程中，对商品的信息持怀疑态度，怕上当受骗，满脑子疑虑，因此反复询问，仔细比对，直到心中的疑虑解除后，才肯掏钱购买。

（11）安全心理

有这种心理的人，他们对整个旅游过程持警惕性，包括景区设施的安全性、目的地治安的稳定性、旅游食品的卫生性、纪念品的保真性等，都必须经过事前怀疑审慎、过程小心谨慎、事后确定放心的心理过程。

2. 旅游者消费心理特点

（1）需求的综合性。由于旅游业的不断发展，人们的旅游行为越来越流行，这使人们的旅游选择更加理性，对旅游项目的期望也越来越高，希望能够享受到知识、娱乐和参与相结合的旅游商品。

（2）消费的集中性。具体表现为时间和区域的集中。法定假日和周末是旅游业最集中的时间。此外，寒暑假也呈现出越来越明显的消费效应。快速的城市化进程、单调的工作、紧张的生活和拥挤的城市环境，让人们特别珍惜假期，希望在景区寻求身心放松。

（3）消费主体的大众性。随着经济收入的不断提高和闲暇时间的增加，广大市民的旅游意识日益增强，假日全家外出旅游休闲是家常便饭。如今的旅游支出明显高于以往，整体消费能力不断提升。

（4）消费的非节气性。旅行时间主要是周末和其他法定假日，这些时间段在全年平均分布。同时，旅游活动一般不受节气气候的限制和影响。根据不同的节气，各种活动可以交替进行。

（5）客流的双向性。为了消除紧张或缓解平时的压力，游客需要前往与通常环境完全不同的目的地，感受休闲的轻松，这使消费者在不同的城市之间流动。大城市的居民可以在小城镇享受保存完好的传统文化和优美的环境，而小城镇的居民也可以在大城市体验现代城市氛围。

3. 旅游者消费心理表现分析

（1）消费要求更高

由于是异地消费，旅游者对信息畅通的要求在不断提升，对于旅游消费的要求会更加理性。

（2）消费形式不断提升

文化消费和回归自然的趋势不断增加，以疗养为目的的休闲旅游回归率也很高。随着消费观念的转变，越来越多的居民更加注重体验丰富多彩的文化生活。走进书店、展厅或博物馆，参观公园等具有文化特色的场所，成为一种新的休闲方式。同时，自然景观的美丽使游客身心放松，因此重游的机会更大。

（3）更重视安全和市场规范的程度

大多数游客在旅行时更关注当地环境、交通、服务、安全等因素。虽然旅游事故逐年减少，但每年仍有发生，旅游接待服务在利益控制下也呈现出鱼龙混杂的局面，这与游客的初衷完全相悖。

（四）营销方式

1. 旅游商品的网络营销

在当今网络技术飞速发展的时代，网络传播因其快速、不受时间和空间限制而成为一种不可忽视的传播手段和营销趋势。特定旅游产品的链接加载在当地门户网站或专业旅游网站上，以便潜在游客在旅行前收集信息的阶段快速、全面地了解旅游产品的相关信息，这将使企业在激烈的旅游市场竞争中获得一定的优势。一般来说，旅游网站提供的主要服务功能包括：收集、传播和交流旅游信息；旅游信息的搜索和导航；旅游产品和服务的在线销售和个性化服务（包括票务、酒店、餐饮、汽车和旅游团体）。

2. 旅游商品的广告营销

旅游广告宣传基本上可以分为媒体广告和路牌广告两类。国内旅游商品在媒体广告上的投放目前还处在起步阶段，与国外一些国家比较，无论在数量上还是质量上都存在一定的差距。

3. 旅游商品的公关活动营销

广告营销是以媒体为基础的，而公关活动营销是以影响或游说目标群体为目的的，旅游业的多数公关工作往往是以获得媒体的关注为目标。其典型的形式包括新闻稿、新闻发布会、招待会、名人会、商品展等。例如，参加上海、杭州举办的旅交会就是通过与参会的旅行社和旅行商的交流以达到拓展营销渠道、增加游客量、传播品牌的公关活动。

4. 旅游商品的口碑营销

旅游口碑是旅游者在完成旅游商品消费后，对旅游商品进行综合评价并向他人传播的过程。根据调查，口碑是大多数游客获取旅游信息的主要方式。因此，良好的口碑对任何旅游产品都特别重要。为了获得良好的声誉，我们应该从旅游业的六个要素入手，努力创造让游客满意的条件。此外，创造商品、娱乐、互动和体验式娱乐的核心吸引力，以及良好周到的服务也是创造良好声誉的重要条件。

（五）旅游商品的宣传促销方法

在旅游市场营销活动中，最常用的促销方法可归纳为营业推广、人员推销、直接营销和印刷品促销。

1. 营业推广

旅游业促销是指企业在短期内刺激中间商或消费者，鼓励他们销售或购买企业的某些旅游产品的经济活动。它是一种具有礼物或奖励性质的临时或短期促销方法，如优惠券、竞赛、抽奖等。它的优点是信息传播速度快、客户参与度高、吸引力大、短期内销售额提高、客户购买习惯暂时改变。它的缺点是有效期短，难以建立忠诚的客户，组织工作量大。

比如在特定的时间和空间范围内，如旅游淡季，旅游企业通过降低商品价格、增加商品价值和其他短期激励措施，鼓励中间商和消费者尽可能购买其产品和服务。这种形式的促销是有效的。

营业推广的传播目标包括消费者、中间商等，对于不同的营销对象，企业应选择不同的商业推广方式，最终目标是销售旅游产品。营业推广的实施过程包括规划业务推广计划、实施和控制计划，以及评估计划的实施效果。

2. 人员推销

人员推销是指旅游企业在商品的营销活动中，派出销售人员与潜在买家面对面接触，赢得订单的一种经济活动。这是人类社会商品交换以来最古老的促销方式，也是现在旅游企业使用频率更高的促销方式。它的优点是人们可以面对面接触，灵活的个人行动具有很强的针对性，有利于人际关系的培养，容易引发客户的反应和反馈，容易加强购买动机和促进交易。缺点是它需要时间和金钱，而且传播范围有限。

优秀的推销员就像优秀的运动员，他们非常自信，相信自己销售的产品。他们可以遵循企业的营销目标，制订详细而富有创意的计划，坚决执行并努力工作。他们可以站在客户的立场上，从客户的角度看问题，充分集中精力并了解客户的需求。他们耐心、周到、反应灵敏，能够倾听不同的意见，并且对他人诚实。他们熟悉公司知识、产品知识、客户知识、行业知识和竞争对手知识。他们还应该有自我发展的内在动力和尊重他人的能力。

3. 直接营销

直接营销是指企业使用邮件、信件和互联网等非人员联系工具与消费者沟通并提供反馈的经济活动。这种促销形式，特别是从互联网发展而来的旅游产品在线订购，已被越来越多的企业采用。它的优点是非人员推广、为客户定制、及时的信息反馈、交互式响应等，它的缺点是受到技术条件的限制。

4. 印刷品促销

旅游印刷品促销是旅游促销中最常用的一种手段，在促进旅游商品的销售中发挥了很大的作用。它是由旅游企业或政府旅游机构制作的供消费者、中间商和其他任何人阅读的文字资料或图文并茂的企业介绍及其产品说明书。它的优势是表现力强，有助于销售，方便消费者获取信息，可与消费者直接沟通等。其劣势是若印刷精美则成本上升，游客常不看就丢弃。

一般情况下，旅游促销主体常将营业推广、人员推销、直接营销和印刷品促销等各种旅游促销方法，进行有目的、有计划地配合，综合使用，即为促销组合。针对不同的目标市场，采用不同的促销组合，即为促销组合策略。

旅游促销组合策略包括推式策略、拉式策略、锥形辐射策略和创造需求策略等。

推式策略，也称从上而下式策略。以人员推销为主，辅之营业推广和公共关系。该策略是要说服中间商和消费者购买企业的商品，通过逐层推进的方式，将旅游商品推向市场终端。

拉式策略，又称从下而上式策略。重点采用广告和营业推广为主的促销手段，辅之公共关系。这种策略的目的在于促使消费者向零售商、零售商向批发商、批发商向商品生产商产生购买需求，从下往上层层拉动购买。

锥形辐射策略，是指旅游企业将自身的多种旅游商品排成锥形阵容，然后分梯级阶段连带层层推出丰富多样的旅游商品。这是一种很奏效的非均衡快速突破策略，主要以人员推销和营业推广为主，以广告为辅。

创造需求策略主要用于旅游淡季或不太知名的旅游景区，如举办独具特色的文化节、艺术节等活动来吸引游客。可以采用以广告为主，辅以人员推销的促销组合。

二、旅游工艺品设计与市场

下面从消费群体、市场价位、市场影响力、市场运作策略几个方面阐述旅游工艺品设计与市场的关系。

（一）市场消费是旅游工艺品设计的前提

消费是人们满足个人需求的一种市场行为，是保证旅游工艺品设计持续发展的前提，是旅游工艺品设计和生产全过程的终点。

当今旅游工艺品的消费行为有四种：专业购买和非专业购买、即兴购买和计划购买。艺术爱好者或艺术家的消费行为属于专业购买。除了功能，旅游工艺品也具有艺术性。一些旅游工艺品具有欣赏和收藏价值。普通市民的消费行为是非专业性购买，购买的目的多为实用性和娱乐性。游客的消费行为是即兴购买。会议礼品的消费行为属于计划购买。

（二）旅游工艺品设计与制作的质量决定其市场价位

根据相应的消费群体的需求，通过各种努力，为旅游工艺品在景区或其他市场上寻求并确定引人注目的竞争地位，这就是所谓的市场定位。有了市场定位，就有了市场价格。所谓价格水平，是指产品在市场上相对稳定的价格区间或价格定位。旅游工艺品的设计和生产质量决定了其市场价格。一是手工艺品的质量，这是最重要的方面，材料、风格、艺术水平的趋势决定了其价格。二是旅游工艺品的设计师，包括设计师的知名度和社会地位。一般来说，已确定和已去世的工匠的作品定价较高。三是客户因素。顾客的消费水平、经济购买力和对手工艺品的投资态度也会影响价格。第四个因素是经济环境和市场竞争环境。经济环境是指经济形势对当地手工艺品市场的影响，从而影响手工艺品的价格和消费者的购买力。

（三）旅游工艺品设计与市场消费互相依存

旅游工艺品设计与市场消费群体之间存在着互相渗透、互相依存和互相转化的辩证关系。

第一，互相渗透。旅游工艺品设计与生产本身就是消费，旅游工艺品的设计过程中包含着设计者的心智、体力的消耗和旅游工艺品生产资料的消费。一件旅游工艺品的设计创新，不但消耗了作者的心血智慧、劳动力，同时也消耗了物质材料。旅游工艺品的购买者和欣赏者，在选购和欣赏过程中发挥的审美想象产生了更高层次的创造力。产品的成交，又会产生购买、欣赏、纪念、收藏的欲望。

第二，互相依存。旅游工艺品设计离不开市场消费，消费是设计创新的成品生产得以最后完成。消费会改变旅游工艺品设计的观念，促进市场提供更多能够满足消费者不同品位的旅游工艺品。市场消费离不开设计创新，没有吸引顾客的旅游工艺品设计，也就不存在购买行为，无人购买，旅游工艺品市场就难以生存。

第三，互相转化。一个设计新颖的旅游工艺品，如果没有购买者，就不可能成为真正的产品。生产和消费同时实现了彼此的目标。

旅游工艺品的价值需要在市场上得到反映，连接生产者和最终受众的渠道是市场。商业文化不容忽视。景点、商品促销和博览会都是商业文化的表现。对于旅游产品的认知，普通消费者一般进行日常审美，更多的游客需要实用性和艺术性的结合。艺术消费和艺术收藏的根源在于人们对美的需求，对美的追求永无止境。旅游工艺品设计和生产的市场化，不仅激发了创造美、生产美的活力，也为自身带来了大量的资本投入和积累。市场的生产、流通、传播和消费的结构演变包括重组力量，逐渐为旅游工艺品的设计和创新提供了丰富的经济基础和广阔的发展空间。

（四）市场作用影响旅游工艺品设计创新

第一，法规保障市场运作。

第二，市场管理机构健全。

第三，宣传交流活动频繁。

第四，市场营销渠道多样。

第五，市场评价体系健全。

（五）旅游工艺品设计的市场运作策略

通过对旅游工艺品市场的调查认为，旅游工艺品设计创新要有效地进行市场运作，要遵循艺术品市场的一些基本原则，确保自身发展的最优化。市场运作的策略有以下几个原则。

第一，信息化原则。旅游工艺品经营者要尽可能及时、广泛、全面、准确地收集旅游工艺品市场所需要的信息，作为市场营销的重要依据。这些信息主要来源于两个方面：一是来源于旅游工艺品设计者、生产方的信息，就是市场预测；二是来源于旅游工艺品设计内部，旅游工艺品设计主客观条件的分析。

第二，多样化原则。旅游工艺品经销根据不同的条件、不同的经营环境，提出不同的经销方式。批发、零售、网购、团购、看样定做定价、顾客设计定做定价等灵活多样的经销方式，满足不同消费者的需要。

第三，适时性原则。一方面，旅游工艺品的营销要及时，抓住旅游旺季、展销会、博览会等机会进行推广；另一方面，旅游工艺品的设计创新应及时，重点放在具有实质性主题的重大活动和事件上。及创作应该根据季节的变化合理安排，而不是违背自然。在更深层次上，它可以被理解为一种时代感。任何创作设计都应该保持生命力，以社会发展和变革的理念，寻求最适合时代特点的设计方法。创作首先应考虑结合地区因素，以反映当地人的生活习俗和品位。

第四，互惠性原则。旅游工艺品的生产者和市场是相互依存和相互为前提的。艺术消费离不开生产。相反，没有消费就没有艺术生产。如果没有人购买旅游工艺品，旅游工艺品的生产和经营将难以为继。旅游工艺品的销售使旅游工艺品的设计成为现实，消费创造了设计创新。

工艺品的流通可以分为三个主要环节：设计、制造和销售。根据这三个环节的不同特点，应分别实施相应的对策。

1. 旅游工艺品设计环节

旅游工艺品的设计主要体现的是原创性文化，对原创层要尽可能进行保护性开发，着重体现旅游工艺品的收藏功能及审美功能，在开发中应维持原貌、题材、纹样、色彩、图案、材料、工艺等各要素。

（1）设计管理

设计管理是企业发展战略和商业计划的实现，是高度统一的视觉形象和技术的载体。设计管理是一个研究领域，研究管理者、设计师和专家的知识结构，以实现组织目标并创造可行的产品。设计管理旨在通过创造性和理性的结合，以有组织的方式实现组织战略，并最终促进环境文化的发展。

由此可见，设计管理是一个系统的过程。在此过程中，协调和组织企业的各种设计活动，如产品开发和设计、广告、展览、包装、施工、企业标识系统和企业运营的其他项目。只有这样，才能方便企业利用设计手段建立企业完整的视觉形象，形成一个有机的整体，确立其在市场中的地位，扩大其影响力。

设计管理需要解决的是设计的统一。统一产品设计的外观和风格、产品包装的视觉传达和产品展示的环境布局，使消费者在脑海中形成强烈的视觉印象和鲜明的企业形象，从而形成设计的连续性，使产品获得长期生命力，也便于消费者在短时间内进行识别。

设计战略管理是企业根据自身情况作出的针对设计工作的长期规划和方法策略，是设计的准则和方向性要求。因此，对于长期处在开发滞后、产品雷同、缺乏特色的旅游工艺品市场更应该注重设计战略的管理。首先，要准确把握旅游活动的新特点、新时尚、发展的新趋势及旅游地文化取向，从大局上把握市场方向。其次，认真研究旅游者不断变化的购物需求特点，针对来自不同的国家、地区，年龄、阶层，拥有不同文化层次、审美爱好，以及不同需要的旅游者进行设计、开发，不断创新。再次，在对市场进行调研和细分之后，才能选择适合自己的目标市场，定位相应的旅游工艺品，做到有的放矢，避免开发的盲目性。最后，将旅游工艺品推向市场后，也要与景点、景区销售点及其他的销售点及时沟通，反馈有关的市场信息，以便在投资发展战略上作出最合理的决策和调整。通过设计战略管理，有利于提高旅游工艺品开发能力，增强其市场竞争力及持久力，提升旅游地的总体形象。

（2）产品设计管理

旅游工艺品的产品设计管理是指在产品设计战略的指导下，对工艺品的功能、结构、造型、材料、色彩、加工工艺等进行系统的设计，并加之以包装、展示等视觉设计，最终形成风格统一的工艺品产品形象，以起到提升、塑造和传播旅游地形象的作用。而这种统一风格的产品形象以群体的方式出现，更加有利于保持自己在旅游工艺品领域的地位。

①产品。旅游工艺品的产品开发应遵循产品的“组团式”设计，在体现当地特色文化的基础上，塑造“特色鲜明”的设计形象，突出“家族”特色。但需要强调的是，旅游工艺品形成风格统一的群体产品形象是一个长期的过程。在这个过程中，一方面，它随着外部环境的变化而变化；另一方面，这种变化必须在原有基础上具有一定的连续性。只有创新才能跟上时代变化的需求，只有延续才能形成稳定的理念，在市场上树立清晰的形象。因此，旅游工艺品产品的形象设计可以理解为：投放市场的各种旅游工艺品在保持其体系连续性的基础上进行创新，从而在市场和消费者心目中建立具有鲜明特色和统一风格的群体形象。

②包装。物品包装的功能主要是对其本身提供必要的保护及为游客携带提供便利。而旅游工艺品的包装，其作用已超出它最初的存在意义。它处在整个设计系统中的产品流通系统部分，在无形中体现着旅游工艺品的文化内涵。包装设计非常重要，但是，现在市场上的旅游工艺品包装都存在着问题：普通工艺品处于无包装状态，一般是赤裸陈列和销售；中档工艺品的包装盒，毫无个性和美感可言；高档民间工艺品则没有相匹配的包装。在开发设计中，一个重要的课题就是研究如何在包装上融入特定的文化信息。因为包装是体现旅游工艺品纪念性和地域性

的重要载体，所以，包装的图案、文字、色彩和材料及所组成的整体效果都需要传达特定的文化信息。

③图案。通常作为旅游工艺品包装的主体部分，可以以充满地域格调和个性特征的图腾纹样作为切入点，提取设计元素进行提炼概括，运用夸张、象征等表现方法，体现旅游工艺品的神韵、情趣及鲜明的地域特色，激发旅游者的购买欲望。

④文字。可根据不同的产品特性选用不同的文字。如较为传统的旅游工艺品可运用稳重秀丽的隶书、端庄大方的楷书、流畅洒脱的行书等书法字体。在选择上，必须遵循易于辨认、识别、阅读的基本原则。

⑤色彩。在视觉设计中，色彩是影响视觉吸引力和记忆强度最活跃的因素。在旅游工艺品包装色彩的运用上，首先，要体现旅游工艺品的内容信息和商品特色。其次，要考虑旅游购物者的心理需求，同时注意色彩的禁忌。

⑥材料。包装盒要在考虑运输、展示和开启的基础上进行设计。采用科学合理的结构，尽量减小包装的体积，这样既可以节省包装材料，也携带方便。旅游工艺品包装材料的选择上，可以用纸、竹、木、藤、陶土等天然的材料为主，因地制宜、量材施用，既体现质朴的东方美学观念，又选材方便，成本低廉。

⑦展示。旅游者对于购物环境普遍不太满意：不是那种给游客留下商品档次较低印象的地摊式销售方式，就是单纯地以功利性销售为目的的旅游工艺品商店。这些都无法使旅游者在购物过程中获得物质和精神上的双重满足。

对于旅游工艺品的展示设计可从以下几个方面进行考虑。

第一，鲜明的主题。旅游工艺品的展示设计可以围绕其生产制作过程、主要功能、产地、特色，或是关于工艺品来由、传说、神活及相关的美丽故事进行。通过展示策划、展览空间、文字、展品、影像等各个环节，以及声、光、电等各种手段来渲染展示氛围，突出主题。

第二，情境化的氛围。游客在展示空间中处于参观选购的运动状态，这就要求合理安排展示空间。可以以模拟的环境、叙事的方式来引导游客，使其亲身感受甚至进入角色，以至于发生情绪变化，从而达到润物细无声的认同效果，真正接受展示的旅游工艺品。

第三，合理的布置。旅游工艺品作为展示空间的主角，应以最有效的场所位置向观众呈现。这就需要将空间布局与展示的内容结合起来进行考虑，逻辑性地设计展位的秩序、合理编排展示的内容、充分考虑展览的路线，最终形成最佳的展示效果。对于旅游工艺品设计项目的各个方面应该以一种“平行”的方式来发展，要有一种贯穿始终的总体思想，在项目开始时就应对产品、包装、展示等各方面的工作通盘考虑，最终齐头并进地发展。

（3）品牌管理

品牌是一个名称、术语、标记、符号和图案，或它们的组合，以识别特定消费者或消费者群体的产品或服务，并与竞争对手的产品区分开来。品牌是商品的象征，是区别于其他同类产品、树立市场形象的重要因素。目前，由于旅游工艺品制造商缺乏品牌意识，中国旅游工艺品品牌很少。旅游工艺品品牌的形成不仅是企业提高经济效益的重要手段，也有利于消除信息不对称问题，增加游客的购买信心，也是提升旅游目的地形象的重要举措。老牌旅游工艺企业，应加强品牌保护，通过技术创新和管理创新不断重振其优秀品质和声誉；新的旅游工艺品企业，应该通过产品创新和强大的营销手段来建立自己的品牌意识、声誉和信誉。当然，无论是新老旅游工艺品企业，都需要在工艺品的设计、包装、展示、营销等方面打造品牌，依靠品牌增加产品附加值，促进消费。

（4）知识产权管理

随着知识经济时代的到来，一方面，知识产权的价值越来越受到人们的重视，人们的知识产权保护意识逐渐增强，制度的制定和应用也逐步完善；另一方面，现实生活中有意或无意的侵占和模仿现象也非常严重。世界知识产权组织的研究结果显示，世界上 90% 以上的最新发明创造信息首先通过专利文件反映出来。因此，旅游工艺品生产企业应注意收集各种信息资料，特别是专利文件，并在设计和开发的各个阶段对设计项目进行审查，以避免模仿、相似和雷同。同时，我们可以充分利用现有专利文件，提高开发和创新的起点，节省开发资金和创新时间，并在设计完成后及时申报专利，以保护我们的权益。不同的法律制度适用于不同级别的产品特征：对于品牌旅游工艺品，可以使用《中华人民共和国商标法》保护其品牌不受侵犯；不断引进的旅游工艺品可以受到《中华人民共和国专利法》的保护，以防止专利技术和产品外观的损失；通过独立思考、使用某种技能和使用某种材料来表达作者情感的具有艺术特色的旅游工艺品也可以受到《中华人民共和国著作权法》的保护。当然，这三者有时在法律关系上相互重叠。可以采取综合保护、综合治理的方式，打击盗版侵权假冒伪劣行为，从根本上净化旅游工艺品市场，整顿秩序，维护权利人的合法权益。

2. 旅游工艺品制造环节

对于工业生产企业来说，一方面要有效运用知识产权保护的规则和制度，维护自身的合法权益；另一方面，要在原有技术的基础上继续进行技术创新，并继续获得专利权，从而占据知识产权战略的制高点，在企业竞争中获得绝对的竞争优势，最终获得最佳的经济效益。

在工艺品的制造过程中，其工艺极易泄露和被抄袭。从设计完成，到样品的首次生产，到第一批生产，都应留下相应的记录作为证据。值得注意的是，根据《中华人民共和国著作权法》，设计师和企业可以享有设计作品的著作权。因此，最好提前做好相关协议，避免不必要的纠纷。企业内部管理也应注意保护商业秘密，包括技术信息。在实践中，由于内部员工问题而披露知识产权的情况并不罕见。《中华人民共和国劳动法》第二十二条规定，劳动合同当事人可以就劳动合同中有关用人单位的保密事项达成协议。因此，建议在劳动合同中明确规定知识产权的保护，在日常管理中明确商业秘密的范围，并应采取相应措施，防止内部员工无意或故意泄露企业的设计成果或技术信息，并在发现泄露时追究相关责任方的责任。

3. 旅游工艺品销售环节

销售过程中的知识产权保护从广告、参加展销会、发送样品或照片及联系客户开始。在实践中，手工艺品制造商往往通过上述方法获得订单，但如果他们不注意，知识产权信息可能会被泄露，生意可能不会成功。例如，一家工艺品制造商向客户发送了样品，但没有收到订单，但看到客户在不久之后的广交会上以体面的方式展示了相同的样品，并声称这是自己设计的。因此，无论是广告产品、发送样品，还是让客户来公司谈判，最好留下相应的记录，这些记录可以作为证据，以证明你在必要时给出了相关的设计结果。在签订销售合同时，必须做出版权声明，并同意相应的违约条款，以便在知识产权受到侵犯时更好地寻求法律援助。

建立工艺品品牌是提高工艺品知名度和单位附加值的重要途径。一个没有品牌的行业不会有很长的寿命，不可能形成坚实的基础和强大的生命力，难以产生强大的驱动力、辐射力、竞争力和吸引力。同时，品牌也是提高产品市场份额的有力保障。许多工艺品已有 100 多年的历史，这不仅需要政府的支持，还需要企业的努力，最重要的是企业的战略愿景。企业不仅要专注于国内市场，还要通过知识产权战略树立企业的辉煌形象，进入国际市场竞争。

工艺品行业协会的建立对工艺品行业的健康发展起着极其重要的作用。工艺品行业协会将在知识产权工作中发挥自律作用，特别是在具体的知识产权案件中，行业协会可以推荐专家提供准确的技术鉴定意见，以加强具体细节的客观性和公正性。同时，工艺品行业协会作为工艺行业的管理机构，可促进实现行业内部自律、保护会员合法权益、维护行业和企业利益、避免恶性竞争，保持行业持续健康发展。在国外，行业协会广泛存在，它们的存在在维护行业利益和促进自身行业发展方面发挥了巨大作用。

三、旅游工艺品现代市场营销方式

（一）市场细分依据

市场细分就是把市场划分为不同的分市场，根据消费者不同的需求选择目标市场。旅游工艺品的需求差异很大，因为旅游者的性别、年龄、收入、兴趣、偏好等各不相同。但也有相似的消费特点，生产企业可以辨明这些差异，将旅游工艺品市场划分为不同的细分市场。常见的市场细分依据主要有地理细分、人口细分、心理细分和行为细分四大类。

第一，地理细分。根据地理因素来细分市场，是一种传统的、普遍使用的方法。旅游企业必须了解旅游者的地理分布，因为不同国家和地区的旅游者，他们的地理文化也不同，对某种商品的需求往往有很大的差别。

第二，人口细分。所谓人口细分，就是按照不同的人口结构因素，如年龄、性别、收入、职业、受教育水平、家庭结构、家庭生命周期阶段、社会阶层、种族和国籍等标志进行市场细分。人口结构因素的不同会导致旅游者的需求和爱好不同，不同的旅游者对旅游工艺品的质量、价格、款式、题材、功能等的要求均有所不同。

第三，心理细分。旅游者的社会阶层、生活方式、个性特征等方面的心理变量不同，则会产生不同的心理需求类型。心理细分就是按照旅游者不同的心理需求类型进行市场细分。不同心理需求类型的旅游者，追求的吸引物不同，对同样的旅游工艺品的感受也是各不相同的。

第四，行为细分。行为细分是企业按照旅游者购买某种旅游工艺品所追求的利益、使用者的情况、旅游者对品牌的忠诚度、旅游者购买过程对产品的态度等因素来进行市场细分。这些购买行为的不同是因为旅游者在收入水平、受教育程度、社会阶层、个性特点等方面的不同所导致的。

旅游工艺品生产企业的资源有限，不可能满足所有旅游者的需求，生产所有产品。因此，企业需要选择其目标市场，重点满足目标市场的需求，才能更有效地利用自己的资源。旅游工艺品的生产企业为了能在激烈的市场竞争中求得生存和发展，就要进行市场细分，以保证其在特定的细分市场内取得市场竞争优势。旅游者的购买意图不同，导致他们对旅游工艺品的功能需求也有差异。因此，在细分市场前，我们必须了解消费者的购买目的。

（二）旅游工艺品市场定位

定位是指公司设计出自己的产品和形象，从而在目标顾客心中确定与众不同的、有价值的地位。市场定位的目的在于塑造企业和产品、服务的鲜明个性，以便让这一目标市场上的顾客更好地识别。

1. 市场定位与地方文化

按照文化的观点，市场定位就是确立产品特色、品牌特色和企业文化特色与特定文化系统相适应的观念文化，从而使特定的产品与特定的文化系统高度适应。所以，旅游工艺品市场定位是给产品、品牌和企业一个具有深层文化观念的身份，以加强它们的文化特色。一件旅游工艺品，无论质量好坏，如果它能与文化相适应，就意味着它能融入文化系统中，从而能够被特定的旅游者广泛接受，它在市场上就有生存的空间；反之，旅游工艺品若不能与文化相适应，就意味着它被文化所排斥，这种旅游工艺品就没有市场空间。通过赋予旅游工艺品、品牌和生产企业独特的文化内涵，以改变旅游者对它们的看法，这就是旅游工艺品的市场定位。

2. 旅游工艺品定位分析

旅游工艺品市场定位是通过生产企业设计出具有特色和鲜明形象的产品，以确定在目标客户心目中的独特价值地位，获得最佳市场地位的过程。这种特色和形象，既可以从旅游工艺品产品本身表现出来，如形状、材料、工艺、性能等，也可以从价格水平、产品档次上体现出来，还可以从旅游者的心理需求上反映出来，如欣赏、实用、纪念、收藏等。长期以来，对旅游工艺品的市场定位，在总体上突出地方特色，具体定位为大众旅游工艺品和高档旅游工艺品两大类。这种定位不但不能突显旅游工艺品的文化优势，而且使市场出现两头大的趋势，一头是大量粗制滥造的低档产品，另一头是价格高昂的高档产品，中档产品的品种十分缺乏、市场份额很小。旅游工艺品的市场定位，在总体上应突显地域文化特色，充分挖掘、利用自身的文化优势，提高旅游工艺品的文化附加值，提升竞争力。可以将旅游工艺品分为纪念品、实用品和投资收藏品等类型，进一步细分市场，以更好地满足消费者的需求。

（三）旅游工艺品营销策略

旅游工艺品市场营销策略包括产品策略、价格策略、销售渠道策略和促销策略。

1. 产品策略

市场营销中一个最基本的要素是产品。产品不仅包括实体的物质属性，还包括产品的包装、品牌、式样、售后服务等无形的特性。产品策略是市场营销中一个最基本的策略。旅游工艺品的产品策略具体应包括以下几个方面。

（1）多层次、全方面地开发新产品

要充分根据旅游者的需求，多层次、全方位地研发新产品。根据上面的分析可知，旅游工艺品市场“两头大，中间小”。因此，旅游工艺品生产企业需要加强对实用类旅游工艺品的开发，以满足旅游者对实用性的需求，从而提高市场竞争力和销售额。具有实用功能的日用旅游工艺品适应当代人们的日常生活消费的需要，较之单纯欣赏性的旅游工艺品，更容易为旅游者所青睐，其市场潜力是巨大的。在开发实用类旅游工艺品时，应当注意两点：第一，在注重实用质量的同时，还要注意其观赏性和文化内涵，使其成为集实用、观赏、文化于一体的旅游工艺品；第二，因为是实用类旅游工艺品，一定要充分了解旅游者的审美观念，使其造型和格调一定要与现代的居室氛围相匹配。只有考虑到以上两点，开发出来的实用类旅游工艺品才能找到市场。

（2）凸显文化优势，提升产品竞争力

随着旅游工艺品的同质化现象日益严重，金融危机也对旅游业产生影响，要使旅游工艺品能在激烈的市场竞争中生存下来，在艰难的经济大环境下谋求、拓展生存空间，就必须利用其文化优势，提升产品的竞争力。因此，开发旅游工艺品的过程中应该充分利用当地的工艺美术资源，挖掘其无形的精神内涵，突出地方特色和文化内涵，提高旅游工艺品的文化附加值，使其更具吸引力、生命力和竞争力。这是提高旅游工艺品的市场竞争力的重要方法。

（3）运用创新科技，提高生产效率

采用先进的生产技术和生产方式能够有效提高旅游工艺品的质量和生产效率，并有助于其可持续发展。旅游者对加工工艺的品质和旅游工艺品的艺术性都有越来越高的要求，借助创新科技，可以提高加工工艺的精细程度。精细的工艺是仿古复制品的一个重要评判标准，工艺精细的仿古复制品不仅品质高，也更具有欣赏和收藏价值。除了提高旅游工艺品的质量，创新科技的运用还能大大提高旅游工艺品的生产效益。许多旅游工艺品是纯手工制造，如剪纸、刺绣、琢玉、雕刻等，生产力低下，引入先进的科学技术可以大大提高这些手工制品的生产效率，进而提高企业的竞争力。

（4）改进旅游工艺品的包装

包装刚开始只起到容器和保护产品的作用，但随着产品本身的发展和社会选择的多样化，包装已突破了其原有功能，趋向于向顾客传递有关形象、文化等方面的信息。现代包装蕴含了丰富的文化观念。包装在设计上要注重细节，使用色彩简约、搭配协调，标志性强，在露面面积适中的情况下，将产品的名称、来源、文化内涵等信息呈现出来，以便消费者了解产品的真实情况。这样的包装不仅方便销售，也更有吸引力，能够增强消费者对产品的认可度。因此，对于包装而言，实用性是其最基本的特性。其次，现代包装要突出表现艺术审美的特性。包装要具有视觉冲击力。包装给人的第一感觉是视觉感受，因此设计包装时要使包装能够吸引旅游者的注意力，激发旅游者对旅游工艺品的兴趣。最后，良好的包装有助于向旅游者传递价值和信息，在旅游者头脑中树立牢固的公司和品牌形象。当旅游者面对众多选择时，这将有助于旅游工艺品脱颖而出。

（5）强化宣传力度，形成品牌效应

品牌策略是产品策略的一个重要组成部分。若干旅游工艺品都有可能形成强势品牌。比如可利用“中华老字号”打响品牌。旅游工艺品生产企业可以通过申请国家非物质文化遗产的方式，提升旅游工艺品的品牌形象，扩大旅游工艺品的影响力，带动整体旅游工艺品的品牌塑造。提高品牌的知名度，强化品牌效应，应做到：首先，旅游工艺品生产经营企业可以通过电视、报纸、杂志等媒介宣传旅游工艺品的品牌，也可以通过国际互联网向海外宣传旅游工艺品的品牌，强调品牌的识别性；其次，可以在各种旅游工艺品博览会中宣传、赠送品牌商品，强化旅游者对工艺品的认知程度；最后，可以结合招商活动，提高旅游工艺品的品牌知名度。

2. 价格策略

价格是市场营销组合的重要因素，它是唯一能创造收益的因素，也是市场营销组合中最具灵活性的因素之一，可以迅速调整以适应市场需求的变化。在制定价格时，不能太注重成本，应依据市场变化及时地经常地加以修改，根据不同的产品项目、细分市场和购买动机作出灵活的价格变动。

（1）影响产品定价的因素

旅游工艺品的价格受到其质量、市场需求、生产成本、竞争对手价格等多种因素的影响，在很大程度上，市场需求为旅游工艺品确定了价格上限，而生产成本则确定了旅游工艺品价格的下限。旅游工艺品的市场需求情况在很大程度上影响着旅游工艺品价格的高低。一旦旅游工艺品的价格高于消费者的认知价值，那么消费者很可能会选择其他价格较低的旅游工艺品或不购买旅游工艺品。因此，确定旅游工艺品的价格时，需要考虑消费者的认知价值，并结合市场需求和生产成本进行决策。如果旅游工艺品的价格超过了这一认知价值所反映的价格，就会遏制需求。旅游工艺品生产经营要以旅游者的购买需求为导向，潜在市场的价值认知对旅游工艺品价格的最终形成产生了重要影响。产品成本是价格的重要决定因素，只有当价格超过单位成本时，企业才能获取利润。生产旅游工艺品的成本不仅包括生产和销售成本，还要考虑其他因素可能带来的变动成本。这些因素对旅游工艺品的定价起到了最低限制的作用。旅游工艺品价格不仅包含产品成本部分，还应包含旅游工艺品生产企业的盈利部分。生产企业需要努力降低生产成本，提供有竞争力的价格，以巩固其在市场中的地位。

（2）价格的制定和调整策略

我们要确定以旅游者需求为主导的定价策略思想，即在制定旅游工艺品的价格过程中要以旅游者的需求为中心。在制定旅游工艺品价格时，首先需要估算它的成本。有许多估算成本的方法，但从游客需求的角度出发，选择预算目标成本法更为适宜。首先，了解旅游工艺品市场需求情况，确定旅游工艺品的功能，然后在给定产品的吸引力和竞争对手价格的情况下确定旅游工艺品的价格，再从售价中减去预期的毛利润，其余的就是预期达到的目标成本。接下来，旅游工艺品生产企业要分析好每一种成本要素，如设计、策划、制造、销售等方面的成本，然后将它们再细分成更小的组成部分，最后，企业要考虑重新组合各部分的方法，尽量降低旅游工艺品的生产成本。总之，整个过程的目标就是将最终的成本方案限定在目标成本的范围以内。在定价时，以需求为中心的定价策略是更加合理和有效的。这种策略强调，价格应该根据消费者对产品价值的认知和对产品的需求来确定，而不是以生产成本为中心。旅游工艺品生产企业和经营商应该利用市场营销组合的非价格变量来树立旅游工艺品的独特形象，并突出其与其他地区旅游工艺品的差异，以此来提高旅游者对产品的认知价值，促使他们购买旅游工艺品。

随着市场环境和消费者需求的变化，价格也需要适当调整以保持合理性和有竞争力。同时，也需要结合市场营销组合中的其他因素来考虑价格调整的问题。价格调整策略有：旅游工艺品生产经营企业可根据旅游者所处的不同地区和国家来对旅游工艺品进行价格调整。例如，若来自外国的旅游者或较远地区的国内旅游者在购买了旅游工艺品后要求托运，那么旅游工艺品生产经营企业应该适当地提高这些远距离旅游者的购买价格，以弥补较高的运输成本，以及在运输途中旅游工艺品损坏的风险。旅游工艺品生产经营企业对于旅游者大批量购买、淡季购买等行为，应调低其价格来回报旅游者。数量折扣是向大量购买旅游工艺品的旅游者提供的一种减价行为。数量折扣应向所有的旅游者提供，但不能超过大批量销售所节省的管理成本。这些节约的成本包括销售、库存和运输费用的降低。旅游工艺品生产经营企业可以通过提供数量折扣来促进销售。数量折扣可以针对非累积购买行为，也可以针对累积购买行为提供。季节折扣则是针对淡季购买旅游工艺品的游客提供的激励销售策略。组合产品价格策略对旅游工艺品以组合形式推出时，因为各种旅游工艺品之间存在需求和成本的相互联系，会带来不同程度的竞争，因此，应研究一系列价格，使整个产品组合的利润实现最大化。组合产品的价格应该低于其各个部分单独购买的价格之和，这样才能对旅游者产生吸引力，提高他们的购买意愿。这种定价策略是经过证明的有效手段，可以提高销售额和利润。

旅游工艺品生产商和经营商在制定价格策略后，还需要考虑其他方面对价格的影响，如经销商和分销商是否满意，竞争对手会有怎样的回应。此外，要确保价格策略符合法律规定，以确保策略无懈可击。

3. 销售渠道策略

旅游工艺品的销售渠道既包括旅游工艺品生产企业在其生产地点的现场销售，也包括通过其他方式在生产企业生产现场以外的其他地方直接或间接地向最终旅游消费者出售其产品。正确的销售渠道策略可以提高市场覆盖率、降低成本，更好满足顾客需求。旅游工艺品生产企业应当对不同的市场制定不同的销售渠道策略。

（1）本地市场销售渠道策略

旅游工艺品本地市场中的销售渠道过窄。旅游者能够购买旅游工艺品的地点一般只有旅游景区和工艺美术店，其中大部分旅游者由于旅游线路的限制，没有机会去其他地点购物。旅游工艺品在本地市场中，应采用销售渠道拓宽策略。

销售渠道的拓宽是指延伸旅游工艺品生产企业具体销售渠道及产品销售网点的数目和分布格局。其中既涉及经销或代理销售其产品的中间商的数目，同时也涉及本企业和中间商面向市场所设销售网点的数目及其分布的合理程度。因此，销售渠道应该有充足的直销商和代销商，以便满足本地市场的需求，同时，为方便消费者购买，企业和中间商应在目标区域内设置足够多的销售点。为了解决旅游工艺品本地市场销售渠道过窄的问题，更好地满足旅游者购买需求的多样化，应该逐步形成市区旅游工艺品购物区、区域性旅游工艺品购物区、旅游工艺品商业街、旅游工艺品销售点、旅游工艺品市场网点体系，使旅游工艺品销售网点在空间上有聚有分、互相联系、合理布局、各尽其能，从而丰富旅游工艺品市场的内涵和形式，使旅游休闲、购物有机地结合在一起。

在具有代表性的旅游区或人文景观周围建立区域性旅游工艺品购物区，方便了游客购物。在建设时要注意，这种区域性旅游工艺品购物区本身也是一个较大的景观建筑群，应与风景旅游区和人文景区在建筑风格上保持一致。

旅游工艺品商业街的设立能够满足专业的服务和产品需求，尤其适合有投资收藏需求的旅游消费者。旅游工艺品商业街可以依托玉器厂、漆器厂、工艺美术馆，将其拓展成旅游工艺品一条街，内设展销馆、特色专卖店等。另外，一些历史性的商业街区，本身就是内涵丰富的旅游文化资源，对旅游者有相当大的吸引力，可以带动旅游购物活动，进而复兴一些旅游历史街区，营造特色购物环境。

旅游工艺品销售点可以设置在旅游景点、交通干线、旅游站点，如车站、码头、餐馆等，主要服务路过的游客。还可以根据市场需求灵活配置工艺品购物车、工艺品购物船等移动销售点。

（2）外地市场销售渠道策略

为了开拓旅游工艺品的国外市场，我们应该采取选择旅游中间商的策略。这是旅游工艺品制造商在间接销售渠道的情况下采取的策略。该销售渠道应能在适当的时间和地点将旅游工艺品制造企业的产品信息传递到相关目标市场，并能为其他地方的旅游消费者提供便利的购物场所。目前，我们可以考虑利用连锁经营来仔细检查中间商的质量，对符合条件的中间商采取联合购买或授权的方式来实现规模经营，从而规范店名、店面外观、商品和服务、业务决策的专业化和管理规范的标准化，实现规模效应。此外，值得一提的是，国外市场旅游工艺品的连锁经营前景非常好，因为连锁经营可以保证旅游工艺品的质量和价格，可以避免在国外市场漫天要价、冒充当地旅游工艺品等现象的发生。此外，旅游工艺品的海外市场也应充分利用在线销售渠道，建立在线交易平台。一个好的在线交易平台可以为旅游工艺品制造商在全球在线市场上树立良好的形象。线上销售渠道必须突出旅游工艺品生产企业的直销形式，降低中间环节成本。除了交易，在线交易平台还应该具备一些基本功能，比如导购功能，介绍自己产品的特点、技术、材料、历史典故、文化内涵等，总之，要突出自己产品的优势。

4. 促销策略

促销的目的是通过与旅游工艺品市场的信息沟通，获得游客的关注、理解和购买兴趣，树立旅游工艺品制造商及其产品的良好形象，促进销售。

（1）重视广告宣传工作

广告是一种非常流行的信息传播方式，广告也是促销的基本策略。这是推广旅游工艺品的盲点。目前，旅游工艺品很少以电视广告的形式进行宣传，报纸广告的形式相对较少。广告的影响是巨大的。广告为提高旅游工艺品制造商和产品的宣传效果提供了机会。因此，为了使区域品牌强势崛起，旅游工艺品制造商有必要将电视和报纸广告成本纳入其预算，并在电视、报纸、杂志和其他媒体上进行宣传。游客倾向于相信做大量广告的品牌会为他们提供良好的商品和服务。此外，旅游工艺品生产企业可以在旅游景点和旅游线路上设置广告牌、灯箱、海报等，这样的广告效果也很理想。

（2）充分利用会展宣传

除了广告，还可以通过举办和参加一系列旅游工艺品设计比赛、旅游工艺品博览会、旅游购物节、旅游贸易推荐会等活动来扩大宣传。旅游工艺品生产企业可以制作一些宣传印刷品，这些印刷品应该精美、有插图，或者装订成册，或者折叠起来，以便于长期保存，随时提供信息支持。通过参加展销会、展览会或博览会，向游客发送这些精美的宣传印刷品，帮助游客了解旅游工艺品，树立旅游工艺品的区域品牌形象，提高旅游工艺品的知名度和美誉度，激发游客的购买兴趣。

（3）确保宣传真正到位

旅游工艺品生产企业应以不同的语言编制和印刷旅游工艺品宣传指南，并通过渠道交付给旅游工艺品的中间商和客户。指南内容应总结旅游工艺品生产企业，介绍旅游工艺行业的发展状况、特色产品和文化优势，特别是全面比较不同企业在中国旅游工艺行业中的地位，这样才能真正进入国际市场，获得更多的国际市场份额。

参考文献

[1] 朱军华．产品管理与运营系列丛书·场景化设计·场景驱动的产品设计与运营 [M]. 北京：机械工业出版社，2022.01.
[2] 朱践知，江先伟，蒋浩敏．降本设计面向产品成本的创新设计之路 [M]. 北京：机械工业出版社，2022.02.
[3] 朱彦．高等院校艺术设计专业精品系列教材·产品造型设计 [M]. 北京：中国轻工业出版社，2022.01.
[4] 刘玲．日常产品设计心理学 [M]. 北京：机械工业出版社，2022.07.
[5] 缪宇泓．产品设计与开发 [M]. 北京：电子工业出版社，2022.08.
[6] 许慧珍．家电产品设计 [M]. 北京：中国纺织出版社，2022.07.
[7] 李远生．工业产品设计手绘典型实例第 3 版 [M]. 北京：人民邮电出版社，2022.01.
[8] 张萍．绿色舒适产品设计 [M]. 合肥：合肥工业大学出版社，2022.08.
[9] 蒋亚南．工业产品设计与表达第 2 版 [M]. 北京：机械工业出版社，2022.
[10] 杨璐莎．文创产品设计与开发实践 [M]. 北京：中国广播影视出版社，2022.10.
[11] 兰芳．汉画像文创产品设计 [M]. 北京：文化艺术出版社，2022.01.
[12] 赵丹阳．产品经理方法论通用的产品设计 [M]. 北京：人民邮电出版社，2022.10.
[13] 叶丹，姜葳．全国高等院校产品设计专业规划教材·设计思维 [M]. 北京：化学工业出版社，2022.01.
[14] 钟日铭．中望 3D 产品设计实用教程 [M]. 北京：人民邮电出版社，2022.09.
[15] 虫哥，刘畅．工业产品设计手绘专业技法精粹 [M]. 北京：人民邮电出版社，2022.10.
[16] 苏博．互联网产品设计第 2 版 [M]. 北京：中国铁道出版社，2021.01.
[17] 万祖兵．基于体验经济的文化创意产品设计与应用研究 [M]. 长春：吉林人民出版社，2021.03.
[18] 孟宪喆．新媒体背景下文化创意产品的设计与传播 [M]. 北京：北京工业大学出版社，2021.04.
[19] 主云龙，主峰．高等院校艺术设计专业教材·产品设计草图和效果图表现技法 [M]. 北京：中国纺织出版社，2021.04.
[20] 王财，王东华．3ds Max 工业产品设计案例实战教程 [M]. 北京：中国铁道出版社，2021.10.
[21] 王爱红．象其物宜——陶瓷产品设计研究 [M]. 南京：江苏凤凰美术出版社，2021.04.

[22] 张思华 . 贵州苗族手工艺在产品设计中的传承与应用研究 [M]. 北京：九州出版社，2021.09.
[23] 左铁峰，戴燕燕，吴玉 . 产品形态与设计 [M]. 合肥：合肥工业大学出版社，2021.03.
[24] 杨剑萍，庄良，刘长万 . 产品三维设计 Creo 6.0 实例教材 [M]. 北京：航空工业出版社，2021.02.
[25] 吕珊珊，王国东 . 基于试验设计的产品可靠性分析及改进 [M]. 成都：西南交通大学出版社，2021.11.
[26] 吴礼军 . 汽车整车设计与产品开发 [M]. 北京：机械工业出版社，2021.12.
[27] 于海洋 . 汽车产品与造型的宜人设计 · 最具市场价值的汽车产品交互体验与人因设计方法 [M]. 长春：吉林大学出版社，2021.01.
[28] 杜佐兵，王海彦 . 电磁兼容设计与应用系列 · 物联产品电磁兼容分析与设计 [M]. 北京：机械工业出版社，2021.06.
[29] 杨融 . 高等院校艺术设计专业精品系列教材 · 产品造型设计 [M]. 北京：中国轻工业出版社，2021.04.
[30] 高亚丽 . 产品设计 [M]. 沈阳：辽宁美术出版社，2020.06.
[31] 李雄 . 工业产品设计草图 [M]. 北京：中国铁道出版社，2020.12.
[32] 童倩 . 汽车金融产品设计 [M]. 广州：暨南大学出版社，2020.04.
[33] 唐开军 . 产品设计材料与工艺 [M]. 北京：中国轻工业出版社，2020.05.
[34] 王星河 . 产品设计程序与方法 [M]. 武汉：华中科技大学出版社，2020.07.
[35] 王林 . 产品设计手绘表现技法 [M]. 镇江：江苏大学出版社，2020.01.
[36] 任成元 . 产品设计手绘效果图 [M]. 北京：中国纺织出版社，2020.08.
[37] 李程 . 产品设计方法与案例解析第 2 版 [M]. 北京：北京理工大学出版社，2020.07.